Margarete Vogls

kleiner Wildkräuterführer

Margarete Vogls

kleiner Wildkräuterführer

100 heimische Wildkräuter
suchen, bestimmen und verwenden

Mit 270 Abbildungen

emu-Verlag

WICHTIGER HINWEIS: Das Sammeln und Verwenden der Kräuter geschieht stets auf eigene Verantwortung und setzt daher eine sichere Kenntnis voraus. Informieren Sie sich vor dem Verzehr über die Anwendung und mögliche Gegenanzeigen. Das Buch ersetzt nicht den Arzt oder Heilpraktiker.
Der Inhalt dieses Buches wurde sorgfältig nach bestem Wissen und Gewissen geprüft. Dennoch sind Fehler niemals völlig auszuschließen. Die Autorin kann daher keinerlei Haftung übernehmen. Für Korrekturhinweise und Anregungen ist sie dankbar.

ISBN 978-3-89189-198-8

8. Auflage 2025

Layout und Umschlag: Büro Beck, Kempten

Fotos: Margarete Vogl

Zeichnungen: Marianne Landspersky

Druck: Memminger MedienCentrum AG, Memmingen

Inhaltsverzeichnis

Die Fülle der Natur erfahren und genießen

Haben Sie schon einmal versucht, Wildkräuter näher kennenzulernen? Vielleicht kennen Sie einige aus Ihrer Jugend. Dieser kleine Kräuterführer könnte Ihnen helfen, erste Kontakte mit essbaren Wildpflanzen zu knüpfen oder altes Wissen aufzufrischen.
Bald werden Sie entdecken, welche Fülle in der Natur auf uns wartet. Wie unsere Vorfahren können wir diese Pflanzen zum Essen und Kochen sammeln. Sie werden herausfinden, welche Pflanze Sie in Ihren Alltag einbinden können und ungeahnte und ungewohnte Geschmackserlebnisse erfahren. Wildpflanzen enthalten lebenswichtige Inhaltsstoffe. Ich möchte Sie anregen, sozusagen in der Natur »einkaufen« zu gehen und diese Pflanzen häufiger in Ihren Speiseplan einzubinden. Die Bewegung an der frischen Luft und die Freude an der Natur tragen dann noch zusätzlich zu Ihrem Wohlbefinden bei.
Zum genauen Kennenlernen der Pflanze gehört auch das Anschauen, Probieren und Zerreiben, auch beim Riechen den Duft genau zu erspüren, denn das eigene Duftempfinden kann uns helfen, die Wildkräuter zu erkennen. Fast zwangsläufig stellen

sich beim Betrachten der Pflanze einige Fragen: Wo ist ihr Lieblingsstandort? Braucht sie Sonne oder Schatten? Wann blüht sie? Hat sie auch Früchte?
Besuchen Sie die Pflanzen das ganze Jahr über immer wieder. Nennen Sie sie beim Namen, und bald sind Sie mit den fremden Pflanzen so vertraut wie mit dem wohlbekannten Gänseblümchen.
Mit lieb gewonnenen Wildkräutern umgehen heißt, sie so zu behandeln wie unsere Freunde. Wenn Sie die essbaren Wildkräuter aus dieser Sicht betrachten, dann müsste ich eigentlich gar nicht sagen: Ernten Sie nur, was Sie brauchen. Lassen Sie seltene (Rote Liste) Pflanzen stehen. Graben Sie nicht unnötig Pflanzen aus. Ernten Sie nicht in Naturschutzgebieten. Schauen Sie Ihren Sammelort genau an usw. Sammeln Sie nur, was Sie wirklich kennen!
Nicht alle Pflanzen sind dafür bestimmt, dass wir sie essen. Einige sind besonders heilkräftig und andere sind sehr giftig. Erzählen Sie anderen von Ihren Erfahrungen und geben Sie Ihre Erkenntnisse an andere – besonders an unsere Nachkommen – weiter, damit dieser »Naturschatz« immer bekannter wird.
Genießen Sie die Natur und ihre Vielfalt mit allen Sinnen und schenken Sie diesen wertvollen Wildpflanzen Zuneigung und Achtung.

Margarete Vogl

100 essbare wilde Pflanzen suchen, finden und erkennen

Die 100 essbaren Wildpflanzen in diesem kleinen Kräuterführer wachsen in meiner Umgebung. Das ganze Jahr über begegnen sie mir auf Schritt und Tritt. Und ich kann sie sammeln und genießen. Mit meinen Fotos, den Zeichnungen und der Beschreibung will ich Ihnen beim Kennenlernen behilflich sein. Die Verwendungsmöglichkeiten sind Vorschläge – kreieren Sie Ihre eigenen Rezepte! Die Information über die Heilwirkung soll Ihnen die Vielfalt aufzeigen, bitte besprechen Sie dies aber bei Bedarf mit Ihrem Arzt oder Heilpraktiker.

Bei den Blattzeichnungen stand mir meine Freundin Marianne zur Seite. Wir merkten sehr bald, dass sich die Natur – sprich die Blätter – nicht in ein Schema pressen lässt. Wir mussten Kompromisse eingehen und versuchen, die Blätter einer bestimmten, vereinfachten Form zuzuordnen. So gestalteten wir so wenige Zeichnungen wie möglich, aber so viele wie für das Erkennen nötig sind. Neben den Blattzeichnungen stehen die Namen jener Pflanzen, deren Blätter zu dieser Zeichnung passen. Unser großer Wunsch war es, eine übersichtliche Einteilung zu erhalten. Ein farbiges Feld, das auf die Blütenfarbe hinweist, soll das Bestimmen zusätzlich erleichtern. Die Blütenfarbe finden Sie auch als kleines farbiges Feld unten rechts bei den einzelnen Pflanzenporträts. Als Einstieg für ein sicheres Bestimmen ist es sinnvoll, an einer fachkundigen Kräuterführung teilzunehmen, um in natura die wichtigsten Auffälligkeiten und Unterschiede zu erfahren. Eine genaue Bestimmung ist notwendig, da es einige giftige Wildpflanzen gibt, die manchmal den essbaren ähnlich sind.

Ernten und essen Sie nur, was Sie wirklich sicher kennen! Gehen Sie behutsam vor! Nehmen Sie zunächst nur geringe Mengen zu sich, um eventuelle Unverträglichkeiten Ihres Körpers rechtzeitig zu erkennen.

Bei jedem neuen Erkunden werden Ihnen die Pflanzen vertrauter werden. Erweitern Sie Ihr Kräuterwissen, gehen Sie mit Kräuterkundigen hinaus, vergleichen Sie die Fotos mit der Natur. Meine Fotos sind Momentaufnahmen. Sie werden feststellen, dass sich auch Pflanzen, so wie wir Menschen, im Laufe eines Jahres verändern. Farbe und Form variieren. Es gibt keine allein gültige Beschreibung. Je nach Standort und Wetter können die Blätter, der Wuchs und die Blüte größer oder kleiner sein. Auch den Duft und den Geschmack empfinden wir Menschen unterschiedlich. Machen Sie Ihre eigenen Erfahrungen und entdecken Sie, an welchen Auffälligkeiten Sie die Pflanze am leichtesten erkennen und unterscheiden können. Im kleinen Kräuterführer berichte

ich lediglich von meinen Erfahrungen und Empfindungen!
Damit Ihnen bewusst wird, dass es Pflanzen gibt, mit denen wir noch vorsichtiger umgehen müssen, ist am Ende eine Auswahl von Giftpflanzen aufgeführt. Die Liste ist nicht vollständig, so wie es das ganze Büchlein nicht sein kann. Die hier aufgeführten Pflanzen sind nur ein Auszug aus der Vielfalt der Pflanzenwelt, so wie auch die einzelnen Beschreibungen nur ein Auszug sind.

Dieser kleine Kräuterführer ist kein wissenschaftliches Werk. Er ist gedacht für Naturliebhaber, die ein Buch mitnehmen wollen, das in jede Tasche passt. Für jene, die draußen nachlesen wollen, welche Pflanze sie gerade anspricht, anlacht und kennenlernen will.
100 Pflanzen gut zu kennen ist ein schönes Ziel, und ich hoffe, Ihnen dabei behilflich zu sein!

Suchhilfe:
Blattformen und die dazugehörigen Pflanzen mit Blütenfarben

Die Blattformen sind vereinfacht dargestellt. Daneben finden Sie die Namen jener Pflanzen, deren Blätter zu dieser Form passen. Das vorangestellte farbige Feld zeigt die Blütenfarbe an: weiß, gelb, orange, rot, violett, rosa, blau, grün, braun. Diese Farbe finden Sie auch bei den einzelnen Pflanzenporträts rechts unten auf der Seite.

---

nadelförmig

Fichte S. 92
Tanne S. 234

---

linealisch

Taglilie S. 232
Wiesen-Bocksbart S. 270

---

lanzettlich, schmal

Blutweiderich S. 34
Flockenblume S. 94
Kornblume S. 172
Schmalblättriges Weidenröschen S. 216
Spitzwegerich S. 224
Wiesen-Glockenblume S. 272

lanzettlich, länglich

- Alant S. 20
- Aufgeblasenes Leimkraut S. 22
- Bärlauch S. 26
- Beinwell S. 30
- Einjähriges Berufskraut S. 82
- Gemeine Nachtkerze S. 114
- Kanadische Goldrute S. 152
- Königskerze S. 170
- Sauerampfer S. 202
- Wegwarte (2)* S. 258

---

spatelig

- Gänseblümchen S. 106
- Kriechender Günsel S. 176
- Margerite S. 186

---

eiförmig, glattrandig

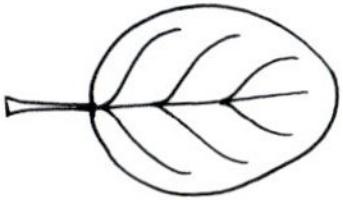

- Breitwegerich S. 38
- Dost S. 46
- Pfennigkraut S. 194
- Quendel S. 196
- Tüpfel-Johanniskraut S. 240

eiförmig spitz

- Heidelbeere S. 140
- Kleine Braunelle S. 160
- Kornelkirsche S. 174
- Lungenkraut S. 184
- Mispel S. 188
- Mittlerer Wegerich S. 190
- Rotbuche S. 198
- Schlangen-Knöterich S. 210
- Vogelmiere S. 246

---

eiförmig, gezähnt

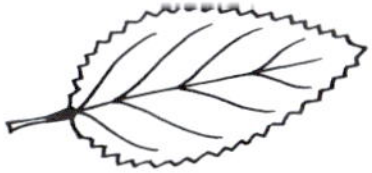

- Felsenbirne S. 88
- Fetthenne S. 90
- Franzosenkraut S. 96
- Heil-Ziest S. 142
- Hohlzahn S. 148
- Schlehe (Schlehdorn) S. 212
- Traubenkirsche S. 238
- Vogel-Kirsche S. 244
- Wiesen-Salbei S. 280

---

nierenförmig

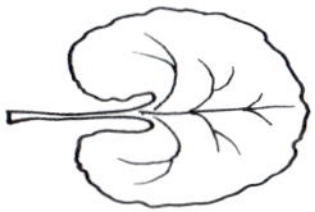

- Echte Nelkenwurz (1)* S. 58
- Gundermann S. 128
- Knoblauchsrauke (1)* S. 168
- Scharbockskraut S. 208

* Diese Pflanze hat zwei charakteristische Blattformen (siehe Pflanzenporträt).

nierenförmig gelappt

- Frauenmantel S. 100
- Wilde Malve S. 284

---

herzförmig

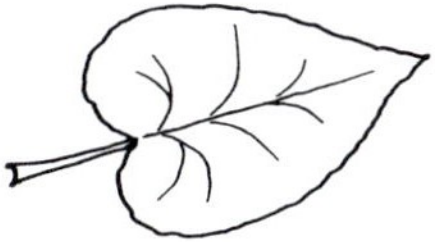

- Brennnessel S. 40
- Duftendes Veilchen S. 50
- Gefleckte Taubnessel S. 113
- Große Klette S. 124
- Linde S. 178
- Persischer Ehrenpreis S. 192
- Knoblauchsrauke (2)* S. 168
- Weiße Taubnessel S. 262

---

dreieckig

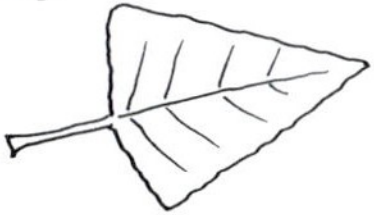

- Guter Heinrich S. 132
- Hänge-Birke S. 134

gelappt

☐ Eibisch S. 76
☐ Eingriffeliger Weiß-dorn S. 78
Hopfen S. 150
Spitzahorn S. 222

---

gebuchtet

Stieleiche S. 228

---

fiederspaltig, gezähnt

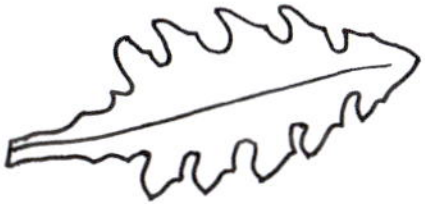

☐ Hirtentäschel S. 144
Klatschmohn S. 158
Löwenzahn S. 180
Wegwarte (1)* S. 258

* Diese Pflanze hat zwei charakteristische Blattformen (siehe Pflanzenporträt).

dreifiedrig

- Gewöhnlicher Hornklee S. 118
- Wald-Erdbeere S. 250
- Wald-Sauerklee S. 254
- Wiesen-Klee S. 274

---

gefingert

- Blutwurz S. 36
- Fünffingerkraut S. 104

---

gefiedert

- Barbarakraut S. 24
- Bitteres Schaumkraut S. 282
- Brombeere S. 44
- Eberesche S. 52
- Echte Walnuss S. 62
- Echter Baldrian S. 66
- Engelwurz S. 84
- Großer Wiesenknopf S. 126
- Heckenrose S. 138
- Kartoffelrose S. 154
- Kleiner Wiesenknopf S. 162
- Schwarzer Holunder S. 218
- Wiesen-Bärenklau S. 266
- Wiesenschaumkraut S. 282

unregelmäßig gefiedert

- Echte Nelkenwurz (2)* S. 58
- Echtes Mädesüß S. 72
- Gänsefingerkraut S. 110

doppelt gefiedert

- Giersch S. 120

mehrfach gefiedert

- Beifuß S. 28
- Echte Kamille S. 56
- Schafgarbe S. 204
- Wilde Möhre S. 288

quirlständig

- Echtes Labkraut S. 70
- Kletten-Labkraut S. 166
- Waldmeister S. 252
- Wiesen-Labkraut S. 279

* Diese Pflanze hat zwei charakteristische Blattformen (siehe Pflanzenporträt).

PFLANZENPORTRÄTS

ALANT
Inula helenium

Gottesauge, Helenenkraut, Heilwurz

FAMILIE: Korbblütler, Asteraceae

MERKMALE: Gelbe, auffällige Korbblüten mit zarten Zungenblüten leuchten auf der Spitze der mächtigen Pflanze, die bis zu zwei Meter hoch wird. Große lanzettliche, raue Blätter wachsen am Boden und am aufrechten, behaarten, hohlen Stängel. Der Blattrand ist ungleich gezähnt. Der Alant strömt einen würzigen Geruch aus und beim Probieren schmeckt er bitter. Der knorrige Wurzelstock enthält Inulin.

BLÜTEZEIT: Juni bis September.

MÖGLICHE VERWECHSLUNG: Kaum möglich.

INHALTSSTOFFE: Ätherische Öle, Bitterstoffe, Inulin.

HEILWIRKUNG: Der Alant gilt in der Volksmedizin als schleimlösend, desinfizierend, krampflösend und verdauungsfördernd. Er wird deshalb bei Husten, Verdauungsbeschwerden und äußerlich bei schlecht heilenden Wunden angewendet.

STANDORT: Aus Zentralasien kommend wurde er gezielt in Gärten in direkter Sonnenlage angebaut. Er kann verwildert im Ufergebüsch und an Waldrändern gefunden werden.

VERWENDETE PFLANZENTEILE: Zarte Blätter und die Zungenblüten in kleinen Mengen als essbare Dekoration, in Salat, Gemüsegerichten und Suppen, die Wurzeln für Tee und Likör. Zum Schutz des seltenen Alants beziehen die Naturschützer Wurzelextrakte aus der Apotheke.

AUFGEBLASENES LEIMKRAUT

Silene vulgaris

Taubenkropf-Leimkraut, Wiesenspinat, Gewöhnliches Leimkraut

FAMILIE: Nelkengewächse, Caryophyllaceae

MERKMALE: Im Frühsommer fällt unser Blick sofort auf die weißen »aufgeblasenen«, kugeligen, netzartigen Blütenkelche, die als lockere Dolden am Ende der verzweigten, glatten Stängel hängen. Lanzettlich bis eiförmig spitze Blätter sind meist blaugrün gefärbt und stehen sich am aufrechten Stängel gegenüber. Zarte frische Blätter fühlen sich knackig an und schmecken nach jungen Erbsen.

BLÜTEZEIT: Mai bis September.

MÖGLICHE VERWECHSLUNG: Vor der Blüte mit dem ungenießbaren Seifenkraut und mit anderen aus der Familie der Nelkengewächse. Es ist sinnvoll, auf die Blüte zu warten und sich den Standort zu merken sowie die Pflanze das ganze Jahr zu beobachten.

INHALTSSTOFFE: Mineralien, Saponine, Schleimstoffe, Vitamine.

HEILWIRKUNG: Das Leimkraut gilt als stoffwechselanregend und vitaminspendend, deshalb wird es gerne im Frühjahr gegessen.

STANDORT: Als anspruchslose Pflanze besiedelt sie trockene Böden, Wegränder, Bahndämme und Wiesen. Für Steingärten sehr gut geeignet.

VERWENDETE PFLANZENTEILE: Blätter und Triebspitzen vor der Blüte für Salate, Suppen, Gemüse, Füllungen, Reisgerichte, Kräutersalz, Kräuterbutter.

BARBARAKRAUT

Barbarea vulgaris

Gewöhnliches Barbarakraut, Winterkresse

FAMILIE: Kreuzblütler, Brassicaceae

MERKMALE: Die goldgelben kleinen Kreuzblüten erscheinen erst im zweiten Jahr auf der fast einen Meter großen zweijährigen Pflanze. Im ersten Jahr wachsen die gefiederten, gelappten Blätter, deren Endlappen auffallend groß sind. Aus den gebüschelten Blüten werden schmale lange Schoten, die vom Stängel wegstehen. Das Barbarakraut schmeckt scharf, ähnlich wie Kresse.

BLÜTEZEIT: April bis Juni.

MÖGLICHE VERWECHSLUNG: Mit dem einjährigen Acker-Schöterich, der leicht giftig ist. Dessen lanzettliche, wechselständige Blätter sind jedoch schmal und am Rand leicht eingekerbt.

INHALTSSTOFFE: Flavonoide, Senfölglykoside, Vitamin C.

HEILWIRKUNG: Das Barbarakraut wirkt blutreinigend, stoffwechselanregend und harntreibend. Es wird in der Volksmedizin bei Frühjahrsmüdigkeit, zur Anregung des Stoffwechsels und zur Wundheilung eingesetzt.

STANDORT: An Ufern, Wegrändern, Bahndämmen und in aufgeschütteten Kiesgruben.

VERWENDETE PFLANZENTEILE: Frische Blätter das ganze Jahr über bis in den Dezember hinein (daher der Volksname »Winterkresse«) vor allem in Salat, aber auch in Gemüsegerichten und Suppen. Die Blüten als essbare Dekoration.

BÄRLAUCH
Allium ursinum

Bärenlauch, Hexenzwiebel, Waldknoblauch, Wilder Knoblauch, Zigeunerlauch

FAMILIE: Narzissengewächse, Amaryllidaceae

MERKMALE: An seinen Standorten tritt er meist großflächig auf. Aus der Zwiebel wachsen ab März zwei grundständige, lanzettliche, ganzrandige und gestielte Blätter. Ein aufrechter Stängel trägt eine Scheindolde aus sternförmigen weißen Blüten. Kommt man in die Nähe von Bärlauch, riecht man schon den starken Zwiebel-Knoblauch-Duft, besonders beim Zerreiben der Blätter. Im Hochsommer verwelken die grünen Blätter, um den Zwiebeln als Nährstoff zu dienen.

BLÜTEZEIT: April bis Juni.

MÖGLICHE VERWECHSLUNG: Die Blätter mit jenen der giftigen Maiglöckchen und der tödlich giftigen Herbstzeitlosen, diese riechen jedoch nicht nach Knoblauch und die Blätter sind nicht gestielt.

INHALTSSTOFFE: Allicin, Flavonoide, Fructosane, Lauchöl, Saponine, Vitamin C.

HEILWIRKUNG: In der Volksmedizin wird Bärlauch angewendet zur Frühjahrskur, bei Magen- und Darmstörungen, zur Unterstützung des Gefäßsystems und der Verdauung, bei allgemeiner Schwäche.

STANDORT: An feuchten, schattigen Plätzen, Auen- und Laubwäldern.

VERWENDETE PFLANZENTEILE: Das frische Kraut bis zur Blütezeit zu Frühlingssalaten, Suppen, Weichkäse, Spinat, Pesto und Omelett, in Kräuterbutter, Kräuterbrot, Bärlauchessig und Bärlauchöl. Die Blüten als essbare Dekoration.

BEIFUSS
Artemisia vulgaris

Gewürzbeifuß, Sonnwendgürtel, Wilder Wermut

FAMILIE: Korbblütler, Asteraceae

MERKMALE: Die mehrjährige Pflanze hat rötlich braune, verholzte Stängel. Die aromatisch riechenden, tiefgeteilten Blätter haben eine dunkelgrüne Oberseite und eine filzig weiße Unterseite. Auf der hochgewachsenen Staude blühen gelbe, unscheinbare Körbchen, die in vielblütigen Rispen angeordnet sind. Bereits die geschlossenen Blüten duften würzig wie bittere Zitronenminze.

BLÜTEZEIT: Juni bis September.

MÖGLICHE VERWECHSLUNG: Mit dem Wermut, bei dem als eindeutiges Merkmal auch die Blattoberseite filzig behaart ist. Vor der Blüte auch mit der Familie der Doldengewächse.

INHALTSSTOFFE: Ätherische Öle, Bitterstoffe, Flavonoide, Gerbstoffe.

HEILWIRKUNG: In der Heilkunde wird vor allem sein Bruder, der Wermut, verwendet. Der Beifuß wird in der Volksmedizin bei Magen- und Darmstörungen, bei Galle- und Leberleiden und zur Anregung der Verdauungssäfte genutzt. (Nicht in der Schwangerschaft verwenden.)

STANDORT: Auf Schuttplätzen, Wegrändern, warmen sonnigen Hängen und auf Bahndämmen.

VERWENDETE PFLANZENTEILE: Junge Triebe und Blätter in Salat, als Würze in Gemüse, Aufstrichen, in fetten Speisen. Die Blüten für Tee und getrocknet für Kräutersalz.

BEINWELL
Symphytum officinale

Bienenkraut, Beinwurz, Comfrey, Eselohrwurz, Honigblum, Milchwurz, Schwarzwurz, Wallwurz

FAMILIE: Borretschgewächse (Raublattgewächse), Boraginaceae

MERKMALE: Die lanzettlichen Blätter sind rau und borstig. Beim Verreiben der Blätter entsteht ein Gurkenduft, und es entwickelt sich ein schleimiger Saft. Seine glockenartigen Bluten können rosa, violett oder fast weiß sein. Die faserigen Stängel wachsen 50 bis 100 cm hoch.

BLÜTEZEIT: Mai bis September.

MÖGLICHE VERWECHSLUNG: Die Blätter des Beinwells mit den Blättern des Borretschs (Gurkenkraut) oder des giftigen Fingerhuts (Vorsicht!). Beim Fingerhut sind die Blätter jedoch samtig behaart und riechen nicht nach Gurken.

INHALTSSTOFFE: Allantoin, ätherisches Öl, Flavonoide, Gerbstoffe, Kieselsäure, Schleim, Stärke, Pyrrolizidinalkaloide, Vitamin B12.

HEILWIRKUNG: Seit Hildegard von Bingen und Paracelsus wird Beinwell bei Prellungen, Zerrungen und Verstauchungen verwendet.

STANDORT: Ufer, Gräben, Auenwälder, Waldränder, auf basischen und nährstoffreichen Böden wie nassen Wiesen und feuchten Waldlichtungen.

VERWENDETE PFLANZENTEILE: Blütensprossen, Stängel und Blätter zu Salat, Suppen, Gemüse und Brot. Da Pyrrolizidinalkaloide leberschädigend wirken können, raten einige Toxikologen von der inneren Anwendung ab.

BITTERES SCHAUMKRAUT

Cardamine amara

Bachkresse, Brunnenkresse, Wasserkresse, Wassersenf, Wurmkraut

FAMILIE: Kreuzblütler, Brassicaceae

MERKMALE: Wächst bereits im Vorfrühling. Der Stängel ist markig, die Blätter sind gefiedert, die Blüten weiß und die Staubbeutel rotviolett.

BLÜTEZEIT: April bis Juni.

MÖGLICHE VERWECHSLUNG: Mit Echter Brunnenkresse. Durch deren hohlen Stängel und gelben Staubbeutel unterscheidet sie sich vom Bitteren Schaumkraut. Geschmack und Wirkung sind bei beiden ähnlich. Das Bittere Schaumkraut schmeckt etwas weniger scharf, jedoch bitterer als die Echte Brunnenkresse.

INHALTSSTOFFE: Bitterstoffe, Flavonoide, Mineralsalze, Senfölglykoside, Spurenelemente, Vitamin C, Vitamin A, B und D.

HEILWIRKUNG: In der Volksmedizin gilt die Pflanze als blutreinigend, stimulierend, fiebersenkend, harntreibend, magenstärkend. Sie wird eingesetzt bei Hautkrankheiten und zur Anregung des Gesamtstoffwechsels. Frühjahrskuren mit Frühlingskräutern werden auch in der Schulmedizin zur Verbesserung des Stoffwechsels empfohlen.

STANDORT: Quellfluren, Gräben, Bruch- und Auenwälder, am Rande von Bächen mit nassen, nährstoffreichen Böden.

VERWENDETE PFLANZENTEILE: Die frischen Blätter zu Wildsalaten und Presssäften. Ähnlich wie die Echte Brunnenkresse, kann sie auch während des ganzen Jahres als Vorspeise gegessen werden.

BLUTWEIDERICH
Lythrum salicaria

Ähren-Weiderich, Blutkraut, Roter Weiderich

FAMILIE: Weiderichgewächse, Lythraceae

MERKMALE: Wie der Name Blutweiderich erkennen lässt, sind die quirlig angeordneten Blüten »blutfarbig« rot und die lanzettlichen Blätter sehen den Blättern der Weide ähnlich. Diese spitzen, ganzrandigen Blätter sitzen gegenständig am aufrechten, verholzten Stängel. Die leuchtenden, trauben- oder ährenförmigen Blüten dieser besonders auffallenden Pflanze ziehen Insekten, Raupen und Schmetterlinge gleichermaßen an.

BLÜTEZEIT: Juni bis September.

MÖGLICHE VERWECHSLUNG: Nur von der Ferne mit dem Schmalblättrigen Weidenröschen.

INHALTSSTOFFE: Ätherische Öle, Eisen, Gerbstoffe, Glykoside, Harze, Schleimstoffe, Vitamine.

HEILWIRKUNG: Der Blutweiderich wirkt blutstillend, zusammenziehend und stopfend. Daher wird die Pflanze in der Volksmedizin bei Durchfall, Hautkrankheiten und als blutstillendes Mittel geschätzt.

STANDORT: Auf nassen Wiesen, an Flussufern, Bächen und anderen feuchten Standorten.

VERWENDETE PFLANZENTEILE: Junge Triebe und nicht verholzte Stängel, Blüten und Blätter in geringen Mengen zu Frühlingssalat, als essbare Dekoration, in Gemüse, Kräuterbutter und Getränken.

BLUTWURZ

Potentilla erecta

Aufrechtes Fingerkraut, Bauchwehwurz, Rotwurz, Tormentillwurz

FAMILIE: Rosengewächse, Rosaceae

MERKMALE: Kräuternamen mit »Wurz« zeigen an, dass die Wurzel eine besondere Bedeutung hat. Das Wort »Blut« zeigt uns die Farbe der Wurzel. Ihre Form ist knollig und länglich und beim Auseinanderschneiden kommt sofort die rote Farbe zum Vorschein. Die hellgelben, gestielten Blüten bestehen aus vier Blütenblättern und sitzen in den Blattachseln der mehrjährigen, niedrigen Pflanze. Gezähnte mehrspaltige und gefingerte Blätter wachsen etagenförmig an den verästelten Stängeln.

BLÜTEZEIT: Juni bis September

MÖGLICHE VERWECHSLUNG: Mit dem etwas größeren Fünffingerkraut, das auch verwendet werden kann. Dessen Blüten haben fünf Blütenblätter.

INHALTSSTOFFE: Ätherische Öle, Gerbstoffe, Glykoside, Harz, Vitamine.

HEILWIRKUNG: Der Blutwurz wird als blutstillend, zusammenziehend und antibakteriell wertgeschätzt. Daher wird die Pflanze in der Volksmedizin bei Durchfall, Schleimhautentzündungen, Verbrennungen und Blutungen empfohlen.

STANDORT: Auf Wiesen, lichten Wäldern, Magerrasen und Böschungen.

VERWENDETE PFLANZENTEILE: Junge Triebe und Blätter als essbare Dekoration, in Frühlingssalat und Kräuterbutter. Die Wurzeln für Liköre und Tee (stark stopfend).

BREITWEGERICH

Plantago major

Großer Wegerich, Heilblatt, Sauohr, Wegebreit

FAMILIE: Wegerichgewächse, Plantaginaceae

MERKMALE: Im Gegensatz zum Spitzwegerich bringt der Breitwegerich breite Blätter hervor. Die zähen, ganzrandigen Blätter sehen fast wie »Sauohren« aus. An guten Standorten werden sie handtellergroß. Auf der Blattunterseite sind fünf bis sieben Nervenbahnen sichtbar. Die winzigen Blüten erscheinen an dünnen, langen, walzenförmigen Ähren, die jung nach frischen Pilzen schmecken.

BLÜTEZEIT: Mai bis September.

MÖGLICHE VERWECHSLUNG: Mit anderen Wegerichen, die auch verwendet werden.

INHALTSSTOFFE: Flavonoide, Gerbstoffe, Glykoside, Kieselsäure, Schleimstoffe.

HEILWIRKUNG: Er wird in der Volksmedizin ähnlich wie der Spitzwegerich als blutreinigend, entzündungshemmend und wundheilend angesehen. Ein gequetschtes Blatt kann bei Mückenstichen sofortige Linderung verschaffen.

STANDORT: Der Breitwegerich ist dort zu finden, wo Menschen zu Fuß unterwegs sind und Fuhrwerke fahren. Auf Trampelpfaden, Wald- und Feldwegen und Grasplätzen.

VERWENDETE PFLANZENTEILE: Junge Triebe, Blätter und Blüten in Salat, als Presssaft, Tee, Sauerkraut, in Suppen, Gemüsegerichten, Brot, zum Einwickeln von Getreidebratlingen. Samen in Teige gebacken und als Keimlinge.

BRENNNESSEL

Urtica

Große Brennnessel (Urtica dioica)

Kleine Brennnessel (Urtica urens)

Donnernessel, Dunnernettel, Hanfnessel, Saunessel

FAMILIE: Brennnesselgewächse, Urticaceae

MERKMALE: *»Sogar bei Nacht am Griff zu erkennen«* (Camerer 1600). Die Brennnesseln rufen brennende Pusteln auf der Haut hervor. Meist wächst sie in Gruppen und verbreitet sich sehr schnell. Die Blätter sind herzförmig und ihr Rand ist gezähnt. Die Brennnessel ist zweihäusig. Blüten weiblicher Pflanzen bilden winzige grüne Früchte, später braune Samen. In den männlichen findet man den Blütenstaub. Die Brennnessel dient uns als Stickstoffanzeigepflanze.

BLÜTEZEIT: Mai bis Juli.

MÖGLICHE VERWECHSLUNG: Mit der zarten, aber schmerzhafteren Kleinen Brennnessel oder mit der nicht brennenden Taubnessel. Beide sind ebenso genießbar.

INHALTSSTOFFE: Flavonoide, Gerbstoffe, Histamin, Kieselsäure, Mineralstoffe, Provitamin A, Vitamin C.

HEILWIRKUNG: Sie wirkt blutreinigend. Der Stoffwechsel wird angeregt. Sie unterstützt die Behandlung bei Rheuma, Gicht, Erkrankung der Blase, der Niere und der Prostata (Erhöhung des Harnflusses). In der Volksmedizin werden die Brennnesselfrüchte (Samen) auch zur Stärkung für geschwächte und ältere Menschen verwendet.

Zum Düngen und zur Schädlingsbekämpfung im Gemüsegarten, als Schmetterlingsplantage, Kükenfutter und zur Haarpflege. In früheren Zeiten stellte man Nesselstoff daraus her.

GESCHICHTEN: Schon Minnesänger sangen: *»Wer heiß brennende Liebe in seinem Herzen fühlt, soll die sengenden Nesseln tragen.«*

STANDORT: In Gärten, in Wäldern und Ödland, an Ufern und auch an Zäunen.

VERWENDETE PFLANZENTEILE: Junge Pflanzen als Ganzes, von älteren nur Blätter, für Tee, Salat, Suppen, Gemüse, Saft, Brot. Samen im Müsli, als Gewürz oder in Öl usw.

Die Samen sollen die körpereigene Abwehrkraft steigern, den Körper vitalisieren und angeblich die Liebeskraft stärken.

Im Mittelalter glaubte man, Brennnesseln könnten Hexenmacht abwehren, daher der Spruch: »*Ein Kleid aus Nesseln bleibt stets Meister über alle Geister*«.

Mit Brennnessel gefütterte Tiere bekommen ein glänzendes Fell, und die Hühner legen mehr Eier.

In zahlreichen Märchen kommen Wildpflanzen vor, zum Beispiel die Brennnessel im Märchen »Die sechs Schwäne« von den Gebrüdern Grimm.

BROMBEERE

Rubus fruticosus

Bramel, Frombeere, Feldschwarzbeere, Hundsbeere, Rahmbeere

FAMILIE: Rosengewächse, Rosaceae

MERKMALE: Der sehr stachelige Brombeerstrauch als Gestrüpp scheint undurchdringlich. Die Blätter sind drei- bis fünfzählig gefiedert und die Unterseite ist behaart. Aus weißen bis hellroten Blüten werden fast schwarze, wohlschmeckende Früchte, wenn sie reif sind. Am Strauch können gleichzeitig Blüten und alle Fruchtstände vorhanden sein.

BLÜTEZEIT: Mai bis Spätherbst.

MÖGLICHE VERWECHSLUNG: Die Brombeerblätter mit den Himbeerblättern, die genauso verwertet werden können.

INHALTSSTOFFE: Flavonoide, Fruchtsäuren, Gerbstoffe, Mineralstoffe, organische Säuren, Spurenelemente, Vitamine.

HEILWIRKUNG: Sie hat entzündungshemmende und zusammenziehende Wirkung (Gerbstoffgehalt). In der Volksmedizin wird sie gegen die Verschleimung der Atemwege und gegen Magen- und Darmbeschwerden (unspezifische Durchfallerkrankungen), bei Grippe und zur »Blutreinigung« verwendet.

STANDORT: Der Brombeerstrauch wächst und wuchert fast überall, an sonnigen Hängen, Wegböschungen, in lichten Waldungen, am Waldrand, in Kahlschlägen und Hecken.

VERWENDETE PFLANZENTEILE: Die Blätter zu Tee und Gemüse. Die reifen Früchte zu Säften, Bowlen, Likören und anderen Getränken, Eis und Marmelade, und natürlich können sie frisch genossen werden.

DOST
Origanum vulgare

Echter Dost, Oregano, Wilder Dost, Wilder Majoran, Wohlgemut

FAMILIE: Lippenblütler, Lamiaceae

MERKMALE: Am Ende des rundlichen, aufrechten Stängels sitzen hell- bis dunkelrosa Doldenrispen. Auch in den Blattachseln erblühen diese aromatisch duftenden Lippenblüten. Die ganzrandigen, kreuzgegenständigen Blätter dieser staudenartigen, weichhaarigen Pflanze sind länglich-eiförmig, die obersten sind oft rötlich gefärbt. Beim Zerreiben zwischen den Fingern nimmt man sofort den angenehmen Duft nach Majoran wahr, der einen an südliche Länder denken lässt.

BLÜTEZEIT: Juni bis August.

MÖGLICHE VERWECHSLUNG: Der intensive Duft, der bereits in den jungen Blättern vorhanden ist, schützt uns vor Verwechslung. Ähnlich im Duft ist der Quendel, der aber über die Höhe eines Bodendeckers nicht hinauskommt und ähnlich verwendet wird.

INHALTSSTOFFE: Ätherische Öle, Gerb- und Bitterstoffe, Flavonoide

HEILWIRKUNG: In der Volksmedizin wird der Dost bei Erkrankungen im Magen und Darm, bei Husten und Erkältungskrankheiten eingesetzt. Er wirkt entzündungshemmend, schleimlösend, stoffwechselanregend, krampflösend und desinfizierend.

STANDORT: Da er ursprünglich aus dem warmen Mittelmeergebiet kommt, wächst er auf sonnigen Magerwiesen, steinigen Hängen, Böschungen und Waldrändern oder gezielt angebaut auf Kräuterspiralen und in Bauerngärten.

VERWENDETE PFLANZENTEILE: Blätter, Blütenspitzen und Blüten als Gewürz für Salate, Getränke, Suppen, Pizzen und andere italienische Gerichte, als essbare

Dekoration, für Kräuterbutter und als Tee. Die getrockneten Stängel zum Räuchern.

GESCHICHTEN: »Schmuck der Berge« heißt das Wort Oregano frei aus dem Altgriechischen übersetzt, und das ist er wirklich. Schmetterlinge, Bienen und andere Insekten tummeln sich auf den Blüten bei Sonnenschein. Sie schätzen den feinen Nektar dieser duftenden Pflanze.

Ätherisches Oregano-Öl wird in der Aromatherapie gegen Bakterien eingesetzt und das getrocknete Kraut beim Räuchern zur Luftreinigung. Dost trägt auch den Namen Wohlgemut. Er soll uns wieder fröhlich machen, wenn wir traurig sind. Im Volkslied »Im Mai« stehen folgende Zeilen: »*Ein Blümlein auf der Heiden, mit*

Namen Wohlgemut, lass uns der lieb Gott wachsen, ist uns für trauern gut…« (Unbekannt).

DUFTENDES VEILCHEN
Viola odorata

Märzveilchen, Marienstangel, Osterveigerl, Schwalbenblume, Veieli, Veigerl

FAMILIE: Veilchengewächse, Violaceae

MERKMALE: Die Blätter sind wie ein Herz geformt und lang gestielt. Die blauen oder violetten Blüten duften stark und verzaubernd und schmecken süßlich. Oberirdisch wachsen aus den Wurzeln Ausläufer, die eine neue Pflanze hervorbringen können.

BLÜTEZEIT: März bis April.

MÖGLICHE VERWECHSLUNG: Mit vielen anderen nicht so gut duftenden Veilchenarten, die jedoch auch verwendet werden können.

INHALTSSTOFFE: Ätherisches Öl, Bitterstoffe, Flavonoide, Odaratin, Salizylsäuremethylester, Saponine, Schleim.

HEILWIRKUNG: Das Veilchen gilt als blutreinigend und schleimlösend. In der Volksmedizin ist es hilfreich bei Hautkrankheiten, Halsentzundungen und bei Husten.

STANDORT: Unterm Gebüsch, an Zäunen, Hecken und schattigen Weg- und Waldrändern.

VERWENDETE PFLANZENTEILE: Blüten und Blätter als essbare Dekoration, zu Tee, Essig, Sirup, Bowlen, Likör, für Gelee, Eiscreme und zu Waschungen.

EBERESCHE
Sorbus aucuparia

Aberesche, Drosselbeere, Gemeine Eberesche, Vogelbeere, Vogelbeerbaum

FAMILIE: Rosengewächse, Rosaceae

MERKMALE: Der sommergrüne, aufrechte Baum oder Strauch wird bis zu 20 Meter hoch. Wechselständige, unpaarig gefiederte Blätter sehen den Blättern der Esche sehr ähnlich. Jedes Blatt hat 9 bis 15 einfach gesägte Fiederblättchen und leuchtet im Herbst orangebraun. Auffallend sind die weißen, doldenartigen Blüten, die einen intensiven Duft verströmen. Orange leuchtende Kugelfrüchte locken besonders Vögel an. Darum der Name »Vogelbeeren«. Sie schmecken säuerlich bitter. Nach den ersten Frostnächten werden sie milder. Wegen des Inhaltsstoffes Parasorbinsäure wird von rohem Verzehr größerer Mengen abgeraten, dies wird jedoch alleine durch den bitteren Geschmack verhindert!

BLÜTEZEIT: April bis Juni

FRÜCHTE: September bis Oktober.

MÖGLICHE VERWECHSLUNG: Mit der Mährischen Eberesche, deren Früchte bekömmlicher sind oder mit der Esche.

INHALTSSTOFFE: Ätherische Öle, Bitterstoffe, Gerbstoffe, Parasorbinsäure, Sorbit, Vitamine.

HEILWIRKUNG: In der Volksmedizin werden die getrockneten und gekochten Beeren als Vitamin-C-Lieferant für die Wintermonate eingelagert. Sie wirken auch harntreibend und entzündungshemmend. Tee aus Blättern wird bei Magenbeschwerden empfohlen.

STANDORT: In Laubmisch- und Buchenwäldern, Parks und großen Gärten, Hecken und Gebüschen, als Waldgrenze.

VERWENDETE PFLANZENTEILE: Blüten und junge Blätter in Tee, erhitztes Mus aus Früchten als Brotaufstrich, Kuchenbelag, Nachspeise, in Torten, zu Marmeladen, zum Würzen, in Tee und Liköre. Rohe Früchte können auch Übelkeit verursachen.

Die Vogelbeeren erntet man entweder nach dem ersten Frost oder wir können sie in der Kühltruhe diesem Frost unterziehen. Dadurch steht der bittere Geschmack nicht mehr so im Vordergrund.
Die Mährische Eberesche ist eine Zuchtform. Sie schmeckt weniger bitter und kann dadurch schmackhafter verarbeitet werden.

GESCHICHTEN: Vögel nisten gerne in den Vogelbeer-Bäumen, da sie mit Vorliebe die Früchte naschen.
Ein Vogelbeerbaum (Volksweise): *»Da draußen im Garten gleich neben dem Zaun, früh blüht er schon, ein Vogelbeerbaum. Und unten im Baum ist ein Plätzchen gestellt. Es ist das Schönste der Welt. Hei Jo Hei Jo ein Vogelbeerbaum …«*

ECHTE KAMILLE
Matricaria chamomilla

Feldkamille, Kamille, Kummerblume, Mutterkraut

FAMILIE: Korbblütler, Asteraceae

MERKMALE: Die aromatisch duftenden Korbblüten der Echten Kamille bestehen aus goldgelben Röhrenblüten und weißen Zungenblüten, die zurückgeschlagen aussehen. Beim Durchteilen des Blütenköpfchens sieht man als eindeutiges Merkmal den hohlen Blütenboden. Die feinen fiederteiligen Blätter der einjährigen Pflanze sitzen am aufrechten, ästigen Stängel. Beim Zerreiben der Blüte ist der typische Kamillenduft deutlich zu riechen.

BLÜTEZEIT: Mai bis August.

MÖGLICHE VERWECHSLUNG: Mit der Geruchlosen Kamille, bei der der Blütenboden nicht hohl ist.

INHALTSSTOFFE: Ätherisches Öl, Bitterstoffe, Cumarine, Flavonoide, Schleimstoffe.

HEILWIRKUNG: Die Echte Kamille ist als entzündungshemmend, krampflösend, beruhigend, antibakteriell und magenstärkend bekannt. In der Volksmedizin werden vor allem die Blüten bei vielen Beschwerden verwendet. Trotz ihrer guten Wirkung nicht dauerhaft verwenden.

STANDORT: An Wegrändern, Böschungen, in Getreidefeldern, auf Schuttplätzen.

VERWENDETE PFLANZENTEILE: Die Blüten vor allem für Tee, Kräutergetränke, als essbare Dekoration, für Waschungen, Seifen, Cremes und Dampfbäder. Zarte Blätter als essbare Dekoration und in geringen Mengen zum Würzen.

ECHTE NELKENWURZ

Geum urbanum

Benediktenwurz, Igelkraut, Mannskraftwurzel, Weinwurz

FAMILIE: Rosengewächse, Rosaceae

MERKMALE: Im zeitigen Frühjahr erscheinen kurzgestielte, ungeteilte Rosettenblätter, die dem Gundermannblatt ähnlich sind. Die Form der Blätter ändert sich bald in unregelmäßig gefiederte, grob gezähnte Blätter, die bis zu 20 cm lang werden können. Am aufrechten, verästelten und behaarten Stängel wachsen dreizählige, ungestielte, samtige Blätter mit Nebenblättern. Leuchtend gelbe, fünfzählige kleine Blüten sitzen am Stängelende, die zu grobhaarigen Früchten mit Hakengriffel werden und dadurch leicht am »Hosenbein« hängen bleiben. Die Blätter lassen keinen besonderen Duft erkennen.

BLÜTEZEIT: Mai bis Oktober.

MÖGLICHE VERWECHSLUNG: Die ganz junge Pflanze durch die Ähnlichkeit des Blattes mit dem von Gundermann und Knoblauchsrauke. Der Duft dieser Pflanzen lässt uns aber sofort den Unterschied

erkennen. Oder mit der Bach-Nelkenwurz, die ähnlich verwendbar ist.

INHALTSSTOFFE: Ätherische Öle, Gerb- und Bitterstoffe.

HEILWIRKUNG: Die Nelkenwurz wirkt stopfend, zusammenziehend und entzündungshemmend. Dadurch wird sie in der Volksmedizin bei Durchfall und Schleimhautentzündungen, aber auch bei Magenschmerzen und als Kräftigungsmittel angewendet.

STANDORT: Man findet sie vor allem an schattigen, eher feuchten Plätzen, am Waldrand, unter Büschen und Bäumen und an Mauern.

VERWENDETE PFLANZENTEILE: Blätter und Blüten für Salate, Suppen, Gemüse, essbare Dekoration, Kräutersalz, Kräuterbutter

und als Tee. Die Wurzeln (im Spätherbst oder zeitigem Frühjahr ernten) als Gewürz, frisch oder getrocknet.

GESCHICHTEN: Den Klettverschluss an Jacken und Schuhen kann man gut mit den Samenständen der Echten Nelkenwurz vergleichen. Einmal angehakt lassen sie sich schwer wieder entfernen. Die Natur zeigt uns hier ihre Vielfalt der Vermehrung.

Bei Pflanzen mit dem Wort »Wurz« im Namen wird besonders die Wurzel verwendet. Die Echte Nelkenwurz duftet intensiv, wie der Name schon sagt, nach Nelken. Beim Zerkleinern der feinen jungen Wurzeln wird der unverkennbare Duft freigesetzt.

ECHTE WALNUSS

Juglans regia

Gemeiner Walnussbaum, Welschnussbaum

FAMILIE: Walnussgewächse, Juglandaceae

MERKMALE: Nicht nur für Eichhörnchen sind die Walnüsse ein Leckerbissen. Wenn die Frucht ausgereift ist, wird ihre grüne, nicht essbare Schale ledrig braun und springt auf. Frisch aufgeknackt kann vom Nusskern die grüne weiche Haut abgezogen werden. Ihr sehr bitterer Geschmack verschwindet bei getrockneten Nüssen. Eine leckere Frucht, die einem Gehirn ähnlich sieht, kommt zum Vorschein. Der Walnussbaum braucht einige Jahre, bis er Früchte trägt. Er braucht viel Platz, denn seine Krone wird groß und ausladend und er kann bis zu 30 Meter hoch werden. Es heißt, die Pfahlwurzel sei so tief, wie der Baum hoch ist. Deshalb ist es schwer, ihn

zu verpflanzen. Er gehört zu den Bäumen, die im Frühjahr spät austreiben und im Herbst bald die großen, gefiederten Blätter abwerfen. Beim Zerreiben duften sie intensiv aromatisch. Das Blatt besteht aus etwa sieben eiförmigen oder länglichen spitzen Fiedern mit einem glatten Blatt-

rand. Jeder Baum trägt männliche und weibliche Blüten. Die männlichen Blüten sind einige Wochen vor den weiblichen sichtbar und sehr frostempfindlich.

BLÜTEZEIT: April bis Juni.

FRÜCHTE: September bis Oktober.

MÖGLICHE VERWECHSLUNG: Durch seine Früchte gut erkennbar.

INHALTSSTOFFE: Ätherische Öle, Flavonoide, Gerbstoffe, Vitamine in den Blättern und Eiweiß, Fette, Kohlenhydrate, Mineralstoffe, Vitamine in den Nüssen.

HEILWIRKUNG: Die getrockneten Blätter werden in der Volksmedizin bei Entzündungen im Mund und Darmbereich und auch äußerlich bei Hautproblemen herangezogen. Die Nüsse sind eine wichtige Bereicherung unserer Nahrung zur Unterstützung unserer Gesundheit. Darum häufig essen.

STANDORT: An Weg- und Waldrändern, in Bauerngärten, Laubwäldern, auf Anhöhen und in Parks.

VERWENDETE PFLANZENTEILE: Getrocknete Blätter in Tee, in Kleiderschränke gegen Motten und für Sitzbäder. Die grünen Nüsse für Liköre und zum Färben. Die geschälten Nüsse für Speiseöle, zum Knabbern, in Kuchen, in Salate, Frischkorngerichte und in Brot.

GESCHICHTEN: In Niederbayern heißt es: Wenn der Walnussbaum viele Früchte trägt, dann kommen nächstes Jahr viele Buben zur Welt.

ECHTER BALDRIAN

Valeriana officinalis

Arznei-Baldrian, Bertram, Elfenkraut, Großer Baldrian, Katzenkraut, Mondwurzel, Rattenwurz

FAMILIE: Geißblattgewächse, Caprifoliaceae

MERKMALE: Am hohlen, gefurchten und aufrechten Stängel der mehrjährigen, stattlichen Pflanze sitzen gefiederte Blätter, die süßlich-bitter duften. Der Blattrand der schmalen, spitzen Teilblätter ist gekerbt oder ganzrandig. Die verzweigten, schirmförmigen Blütenstände mit ihren zart duftenden, weiß bis violetten Blüten ragen über die Blätter hinaus. Durch seinen Duft werden Katzen angelockt. Daher der Name Katzenkraut. Besonders beim Reiben der Wurzel wird der typische Baldrianduft frei.

BLÜTEZEIT: Juni bis August.

MÖGLICHE VERWECHSLUNG: Mit anderen Baldriangewächsen, die eine ähnliche Wirkung haben.

INHALTSSTOFFE: Ätherische Öle, Alkaloide.

HEILWIRKUNG: Der Echte Baldrian oder Arznei-Baldrian ist eine alte Heilpflanze. Er wirkt beruhigend, nerven- und konzentrationsstärkend, entspannend, aber nicht ermüdend. In der Volksmedizin wird der Baldrian als Tee oder Tinktur bei Angstzuständen, nervösen Reizzuständen, Prüfungsangst, Schlaflosigkeit und nervösem Magen verwendet. Auch ein Bad mit Baldrian bringt Entspannung.

STANDORT: Feuchte Mischwälder, Lichtungen, Flussufern, Waldrändern, Auen, aber auch an trockenen Standorten.

VERWENDETE PFLANZENTEILE: Vor allem die Wurzeln (gesammelt im Spätherbst) für Tinkturen, Tees und Bäder. Die Blätter und Blüten in kleinen Mengen als essbare Dekoration, in Getränken oder als Gewürz.

GESCHICHTEN: Der Baldrian wurde bereits circa 500 Jahre vor Christus in Griechenland als Heilmittel eingesetzt. Auch in den Kräuterbüchern des Mittelalters wird seine Wirkung beschrieben.

Manche Menschen trugen sogar ein Wurzelstück bei sich, um sich vor Hexen zu schützen.

»Baldrian, Dost und Dill, da kann die Hex nicht wie sie will.«

ECHTES LABKRAUT

Galium verum

Ameisenkraut, Blutstill, Gelbes Käselab, Gelber Butterstiel, Lauritzen, Liebfrauenkraut, Magerkraut, Muttergottesbettstroh, Sternkraut, Wundstillkraut

FAMILIE: Rötegewächse, Rubiaceae

MERKMALE: Die fast nadelförmigen kleinen Blätter sind quirlförmig um den kantigen Stiel in gleichmäßigen Abständen angeordnet. Die winzigen, zitronengelben und zahlreichen Blüten duften zart nach Honig.

BLÜTEZEIT: Juni bis September.

MÖGLICHE VERWECHSLUNG: Mit Wiesen-Labkraut (blüht weiß), Kletten-Labkraut (bleibt an der Kleidung hängen) oder Waldmeister (mit typischem Waldmeisterduft).

INHALTSSTOFFE: Aucubin, ätherische Öle, Cumarin-Glykoside, Flavonoide, Gerbstoffe, Kieselsäure, Zitronensäure.

HEILWIRKUNG: In der Volksmedizin Mittel gegen Nierenleiden, da es als wassertreibend, wundheilend und als krampflösend bekannt ist.

STANDORT: Auf trockenen Wiesen, sonnigen Böschungen und Waldrändern.

VERWENDETE PFLANZENTEILE: Das gesamte blühende Kraut des Echten Labkrauts zu Tee, Gelee, für Kräuterkissen und Umschläge, zum Gurgeln und fürs Vollbad. Mit Echtem Labkraut kann man Wolle, Stoffe usw. färben, mit der Wurzel rot und mit den Blüten gelb. Dem Cheddar-Käse geben sie noch heute seine gelbe Farbe und sein Aroma.

ECHTES MÄDESÜSS
Filipendula ulmaria

Spierstaude, Wiesenkönigin, Rüsterstaude, Immenkraut, Wiesengeißbart

FAMILIE: Rosengewächse, Rosaceae

MERKMALE: Die mehrjährige, stattliche Staude wird nicht zu Unrecht die Wiesenkönigin genannt. An den rötlich überlaufenen, kantigen Stängeln sitzen einfach

gefiederte, gezähnte Blätter und dazwischen kleine Nebenblätter. Beim Zerreiben der Blätter fällt alsbald der medizinische Duft auf. Die üppigen, cremeweißen Blüten mit unzähligen Staubgefäßen betören mit ihrem zarten Mandelduft verschiedenste Insekten, wie nur wenige andere Pflanzen in der freien Natur. Im Winter sind die Samenstände eine willkommene Futterquelle für Vögel.

BLÜTEZEIT: Juni bis August.

MÖGLICHE VERWECHSLUNG: Mit dem Kleinen Mädesüß, das jedoch, wie der Name schon sagt, kleiner ist und nur einzeln auf trockenem Boden oder als Gartenpflanze wächst. Die Blätter sind ähnlich wie die des Odermennigs (eines wertvollen Heilkrauts), der aber keinen intensiven Duft hat.

INHALTSSTOFFE: Ätherische Öle, Flavonoide, Gerbstoffe, Mineralstoffe, Salicylsäure, Schleimstoffe, Vanillin, Vitamin C.

angewendet. Durch den Inhaltstoff Acetyl-Salicyl-Säure (wird auch Spirsäure genannt, daher der Name Aspirin) wirkt Mädesüß entzündungshemmend, schweißtreibend, schmerzlindernd und fiebersenkend.

Mädesüß galt als heilige Pflanze der Kelten.

STANDORT: Häufig großflächig auf nassen Wiesen und an Bachrändern. Meist schon an dem cremeweißen Blütenteppich von weitem gut sichtbar.

HEILWIRKUNG: In der Volksmedizin wird Tee aus Blüten und Blättern bei rheumatischen Beschwerden, Grippe, Blasen- und Nierenleiden, Kopfschmerzen, Fieber usw.

VERWENDETE PFLANZENTEILE: Die Blüten mit ihrem Mandelaroma und junge Blätter zu Salaten, Gelees, Getränken, Tee, Wein, Nachspeisen, Tinktur, Ölauszug, Wurzeln nur in geringer Menge zu Gemüse. Das Ausgraben der Wurzeln bedeutet überdies den Tod der Pflanzen.

GESCHICHTEN: Der Name Mädesüß entstand durch die »Mahd« (= mähen), da das Heu davon einen süßen Duft bekommt. Dass der Name von einem süßen Mädchen herrührt, ist nur eine schöne Vorstellung. Imker können Bienenkästen mit der Pflanze ausreiben, um Bienenschwärme an den Bienenstock zu binden und somit eine gute Honigtracht zu bekommen. Die Raupen des Mädesüß-Perlmuttfalters brauchen das Mädesüß, sie ist ihre wichtigste Nahrungspflanze.

EIBISCH
Althaea officinalis

Heilwurz, Hustenkraut, Samtpappel, Schleimwurzel

FAMILIE: Malvengewächse, Malvaceae

MERKMALE: Die aufrechte, samtige, mehrjährige Pflanze ist in der freien Natur sehr selten geworden. Auf einem markigen Stängel sitzen dreieckig herzförmig gelappte Blätter, die im oberen Teil eiförmig spitz werden können. Weiße bis rosa Blüten erscheinen zahlreich in den Blattachseln des wenig verzweigten, kräftigen Stängels. Ihr Duft lockt viele Insekten an. Nach dem Abblühen kommt eine rundliche Frucht zum Vorschein.

BLÜTEZEIT: Juni bis September.

MÖGLICHE VERWECHSLUNG: Mit anderen Malvengewächsen, die Blätter sind nur beim Eibisch samtig weich.

INHALTSSTOFFE: Ätherische Öle, Flavonoide, Schleimstoffe, Stärke, Vitamine.

HEILWIRKUNG: Der Eibisch gilt als entzündungshemmend, reizmildernd und hustenlindernd. In der Volksmedizin wird er deshalb bei Schleimhautentzündungen, Brandwunden und Hustenreiz genutzt.

STANDORT: Nur noch selten auf feuchten Wiesen, in Küstennähe, auf sonnigen Schuttplätzen (geschützt!) und in Gärten. Empfehlenswert: Zierpflanzensamen im Garten anbauen, den Tee aus der Apotheke holen.

VERWENDETE PFLANZENTEILE: Nur aus dem eigenen Garten und in geringer Menge die Blüten und jungen Blätter in Salat, als essbare Dekoration, in Suppen, als Tee und Breiauflage.

EINGRIFFELIGER WEISSDORN

Crataegus monogyna

Hagedorn, Heckendorn, Mehlbeere

FAMILIE: Rosengewächse, Rosaceae

MERKMALE: Der Weißdorn hat seinen Namen durch die weißen Blüten bekommen. Der Eingriffelige Weißdorn hat nur einen Griffel in der Blüte, der Zweigriffelige zwei. Die duftenden, fünfzähligen, gestielten Blüten erscheinen nach den mehrfach gelappten, tief eingeschnittenen Blättern. Das Ernten der Blüten wird wegen der spitzen Dornen an den Ästen und Zweigen erschwert. Der Name Weißdorn oder Hagedorn gibt uns auch einen Hinweis auf die Dornen des sommergrünen, wunderschönen Strauches oder auch Baumes. Aus den zarten Blüten werden rote Früchte, die wie winzig kleine Äpfel aussehen und mehlig schmecken.

BLÜTEZEIT: Mai bis Juni.

FRÜCHTE: August bis September.

MÖGLICHE VERWECHSLUNG: Mit dem Zweigriffeligen Weißdorn, bei dem die Blätter weniger tief gelappt sind. Dieser kann auch verwendet werden.

INHALTSSTOFFE: Ätherische Öle, Flavonoide, Gerbstoffe, Vitamine.

HEILWIRKUNG: Beim Weißdorn ist die herzstärkende Wirkung bekannt. Verschiedene Beschwerden am Herzen werden in der

Volksmedizin mit Blättern, Blüten und Früchten dieses Rosengewächses behandelt.

STANDORT: In Hecken und Gebüschen, auf sonnigen Anhöhen und am Waldrand.

VERWENDETE PFLANZENTEILE: Blätter in Tee und Salat. Blüten als essbare Dekoration, in Salat, Likör und in Tee. Die Früchte ohne Kerne für Marmelade, in Kuchen, Likören und in Tee.

GESCHICHTEN: Der Weißdorn war einst der wichtigste Strauch der Hecken. Er wurde von Heckenmeistern gepflegt und geschnitten. Man hielt die weiße Blütenpracht für den Sitz der beschützenden Elfen.

Bereits im 18. Jahrhundert wurde am 1. Mai der nahende Sommer verehrt. Da in dieser Zeit der Weißdorn zu blühen

beginnt, schmückten die Bewohner ihre Häuser mit blühenden Weißdorn-Zweigen.
Seine Bedeutung sieht man auch im Wort »Haglstecka«, das in Niederbayern noch immer für das Wort Spazierstock verwendet wird. »Haglstecka« hat seinen Ursprung beim »Hagedorn«.
»Im Morgengraun des 1. Mai ein junges Mädchen draußen sei. Im Weißdorntau spazieren geh'n macht junge Mädchen wunderschön« (aus dem Englischen).

EINJÄHRIGES BERUFKRAUT

Erigeron annuus

Feinstrahl, Hexenkraut, Weißes Berufkraut

FAMILIE: Korbblütler, Asteraceae

MERKMALE: Die ein- bis zweijährige, hohe Pflanze hat stark verzweigte und aufrechte Stängel. Grob gezähnte, lanzettliche, dunkelgrüne Blätter bilden am Boden eine Rosette. Im oberen Teil des Stängels werden die Blätter schmäler und spitzer. Im Sommer entfalten sich kleine zarte Blüten, die dem Gänseblümchen sehr ähnlich sind. Die weißen, strahlig wirkenden Zungenblüten sind schmal und fein, wie der Name »Feinstrahl« schon sagt.

BLÜTEZEIT: Juni bis September.

MÖGLICHE VERWECHSLUNG: Mit anderen Berufkräutern oder der Kamille.

INHALTSSTOFFE: Ätherische Öle, Bitterstoffe, Gerbstoffe.

HEILWIRKUNG: In Europa ist diese milde Pflanze wenig erforscht. Mehr bekannt und verwendet wird das Kanadische Berufkraut, ein Heilkraut der Indianer. Einjähriges Berufkraut gilt als zusammenziehend, schleimlösend und entzündungshemmend. Daher findet es in der Volksmedizin bei Durchfällen und Halsentzündungen Verwendung.

STANDORT: Auf Schuttplätzen, mageren Wiesen, an Ufern, Dämmen, Wegrändern und in Kiesgruben.
Seine Heimat ist Nordamerika. Als Zierpflanze bekannt, wurde es längst zum »Unkraut«, das nun überall zu finden ist.

VERWENDETE PFLANZENTEILE: Junge Triebe und Blätter als essbare Dekoration, als Tee für Bäder und Umschläge.

ENGELWURZ

Angelica archangelica

Angelika, Arznei-Engelwurz, Brustwurz, Echte Engelwurz, Erzengelwurz, Heiliggeistwurzel, Liebeswurz, Zahnwurzel

FAMILIE: Doldenblütler, Apiaceae

MERKMALE: Die mächtig wirkende Engelwurz mit ihrem dicken, hohlen und gefurchten Stängel, trägt wie zum Himmel gestreckt, weiß blühende Doppeldolden. Aus einer Verdickung am Stängel treten zuerst grüne Blüten hervor, sie sehen dem

Broccoli sehr ähnlich. Diese Doldenblüten sind aus vielen halbkugeligen »Döldchen« zusammengesetzt, aus denen nach der Reife ovale Früchte hervorgehen. Sehr große, dunkelgrüne, gefiederte Blätter bestehen aus gesägten, lanzettlichen Teilblättern und einer dreispaltigen Endfieder. Sie wachsen mit einem runden Blattstiel aus den auffallenden Blattscheiden hervor. Der aromatische, intensive Duft der ganzen Pflanze ist ein weiteres wichtiges Merkmal.

BLÜTEZEIT: Juli bis August.

MÖGLICHE VERWECHSLUNG: Mit der Wald-Engelwurz, bei der auf der Oberseite der Blattstiele eine Rille zu spüren ist, im Gegensatz zum runden Blattstiel der »Angelica«. Sie ist auch verwendbar. Gefährlich ist die Verwechslung mit dem giftigen Wasser-Schierling, der eine ähnliche Doldenblüte hat, aber einen kantigen Stängel, und die gefiederten Blätter haben schmal lanzettliche Fiederblättchen. Sehr gefährlich ist der Gefleckte Schierling, der einen bläulichen Stängel mit roten Flecken hat und keine auffälligen Blattscheiden wie die Engelwurz. Genau bestimmen!

INHALTSSTOFFE: Ätherische Öle, Bitterstoffe, Furanocumarine, Gerbstoffe, Harz, Stärke.

HEILWIRKUNG: Da die Engelwurz in der Volksmedizin als magenstärkend, verdauungsfördernd, desinfizierend, krampflösend und harntreibend beschrieben wird, kommt sie bei Blähungen, Magen- und Darmstörungen, Verdauungsbeschwerden und auch bei Rheuma zum Einsatz.

STANDORT: An Flussufern, feuchten Wiesen und Auen, in Sonne und Halbschatten.

VERWENDETE PFLANZENTEILE: Frische, aromatische Blätter mit Stängeln und Blütenknospen in Salat, Gemüse, Suppen, als Gewürz und in Likör, die Wurzeln zu Tee, als Badezusatz und auch als Gewürz.

FELSENBIRNE
Amelanchier ovalis

Edelweißstrauch, Felsenmispel, Gemeine Felsenbirne

FAMILIE: Rosengewächse, Rosaceae

MERKMALE: Im zeitigen Frühjahr ist von weitem der zart weiß blühende und reich verzweigte Strauch zu sehen. Noch bevor die eiförmigen, am Rand gesägten Blätter austreiben, erscheinen duftende, sternförmige Blüten mit je fünf schmalen Blütenblättern. Im Herbst können dunkelblaue, erbsengroße, süße Früchte mit rotem Fruchtfleisch geerntet werden. Sie haben die Form winziger Äpfelchen. Ausgereift schmecken sie ähnlich wie Heidelbeeren.

BLÜTEZEIT: April bis Mai.

ERNTEZEIT: Juli bis September.

MÖGLICHE VERWECHSLUNG: Mit der Traubenkirsche, bei der die Blüten und Früchte in Trauben hängen. Die Kerne davon nicht verzehren. Mit dem Faulbaum, er hat grünlich-weiße Blüten, keine Teile davon sind zum Verzehr geeignet.

INHALTSSTOFFE: Flavonoide, Glykoside, Mineralien, Spurenelemente, Vitamine, Blausäure in den Fruchtkernen.

HEILWIRKUNG: In der Volksmedizin gilt die Felsenbirne als stoffwechselanregend und entzündungshemmend. Sie wird vor allem als wohlschmeckende Frucht geschätzt.

STANDORT: An felsigen Standorten, in Gebüschen, sonnigen Waldlichtungen.

VERWENDETE PFLANZENTEILE: Rohe Früchte ohne Kerne, in Marmeladen, Säften, Kuchen, Likören.

FETTHENNE
Sedum telephium

Donnerkraut, Fette Henne, Wundkraut

FAMILIE: Dickblattgewächse, Crassulaceae

MERKMALE: Auffallende Merkmale bei der kräftigen Pflanze sind die saftigen, fetten Blätter und die rosa bis roten Blüten. Die doldenartigen Blütenstände, zusammengesetzt aus vielen Einzelblüten, kann man in der Natur sehr selten sehen, da sie vor dem Blühen meist gemäht werden. Fleischige, eiförmige Blätter sind am Rand leicht gesägt und sitzen sich am aufrechten, kahlen Stängel gegenüber. Im Herbst sterben die krautigen Teile der Fetthenne ab, um im Frühling wieder neu auszutreiben. Der saftige Geschmack der Blätter erinnert an Gurken.

BLÜTEZEIT: Juli bis September.

MÖGLICHE VERWECHSLUNG: Mit der Weißen Fetthenne, die aber, wie der Name schon sagt, weiße Blüten hat.

INHALTSSTOFFE: Flavonoide, Gerbstoffe, Mineralien, Piperidin-Alkaloide, Vitamine.

HEILWIRKUNG: Die Fetthenne wird als zusammenziehend, wundreinigend und wundheilend beschrieben und deshalb in der Volksmedizin bei Wunden auf der Haut, wie Verbrennungen und Sonnenbrand, geschätzt.

STANDORT: In Schotterfluren, an Böschungen und neben Wegen und als Zierpflanze in Gärten.

VERWENDETE PFLANZENTEILE: Würzig schmeckende, frische Blätter und Triebspitzen in kleinen Mengen zu Salat, in Presssäften, Gemüse und Suppen.

FICHTE
Picea abies

Rottanne, Schwarztanne

FAMILIE: Kieferngewächse, Pinaceae

MERKMALE: Die Fichte ist ein Nadelbaum mit rotbrauner Rinde. Ihre Äste neigen sich nach unten, und daran hängen Zapfen, die den Samen tragen. Die Fichtenzapfen fallen im Gegensatz zur Tanne ab. An den Zweigen wachsen runde bis kantige und stechende Nadeln. Im Frühling erfreuen uns die neuen, zarten, hellgrünen und weichen Nadeln. Das frische Nadelwerk duftet beim Zerdrücken nach Harz und Zitrone. Die Fichte gehört zu den am meistverbreiteten Nadelbäumen. Unter guten Bedingungen kann sie ein stattliches Alter und eine stattliche Größe erreichen. Die Altersbestimmung kann am leichtesten bei einem gefällten Baum durch Auszählen der Jahresringe ermittelt werden.

MÖGLICHE VERWECHSLUNG: Mit anderen Nadelbäumen wie Tanne, Kiefer usw. Vorsicht ist geboten bei der sehr giftigen Eibe! Diese bildet keine Zapfen, sondern rote Früchte.

INHALTSSTOFFE: Ameisensäure, ätherische Öle, Gerbstoffe, Harze, Limonen, Vitamin C.

HEILWIRKUNG: In der Volksmedizin gilt sie als hustenstillend, schleimlösend, schweißtreibend, beruhigend und entzündungshemmend.

STANDORT: Häufig in Monokulturen, auch in Mischwäldern und in Gärten.

VERWENDETE PFLANZENTEILE: Die zarten Nadeln (Maispitzen) zu Salat, aufs Butterbrot, für Getränke, Sirup, Likör, Tee, Gelee und für Vollbäder.

FLOCKENBLUME

Centaurea jacea

Gemeine Flockenblume, Gewöhnliche Flockenblume, Knopfblume, Wiesen-Flockenblume

FAMILIE: Korbblütler, Asteraceae

MERKMALE: Als häufige Wiesenblume strahlt sie mit ihren violetten Blüten der Sonne entgegen. Viele Insekten werden von den feinen, tief eingeschnittenen Blütenblättern angelockt. Der kantige, raue Stängel trägt ganzrandige, lanzettliche und wechselständige Blätter. Im unteren Teil des aufrechten Stängels können die Blätter auch gebuchtet oder geteilt sein.

BLÜTEZEIT: Juni bis Oktober.

MÖGLICHE VERWECHSLUNG: Mit anderen dieser Art. Sie können ähnlich verwendet werden.

INHALTSSTOFFE: Bitterstoffe, Flavonoide, Gerbstoffe.

HEILWIRKUNG: Die Flockenblume wird als harntreibend, verdauungsfördernd und magenwirksam beschrieben. In der Volksmedizin wird sie bei Verstopfung, zur Anregung des Stoffwechsels und zur gesundheitlichen Stärkung herangezogen.

STANDORT: Auf Wiesen, an Wegrändern und auf Magerrasen.

VERWENDETE PFLANZENTEILE: Die Blütenblätter als essbare Dekoration, getrocknet in Blütenteemischungen, Blütenbutter und Salat. Die Blätter sind so bitter, dass nicht einmal Tiere sie fressen wollen.

FRANZOSENKRAUT

Galinsoga parviflora – Kleinblütiges Franzosenkraut
Galinsoga ciliata – Behaartes Franzosenkraut

Knopfkraut

FAMILIE: Korbblütler, Asteraceae (Compositae)

MERKMALE: Im späten Frühjahr, nach erster Bearbeitung des Bodens, keimt der einjährige Lichtkeimer. Das frostempfindliche Acker- und Gartenunkraut entwickelt schwarze Samen, die im Boden überwintern. Auf ihrem üppig verzweigten Stängel erscheinen gegenständig, spitz-eiförmige bis dreieckige, gezähnte, weiche Blätter. Die zahlreichen Blütenköpfe bestehen aus kleinen Körbchen, außen meist fünf weiße Zungenblüten, innen gelbe Röhrenblüten. Abgefallene Samen reifen sehr schnell nach, dadurch wachsen im Jahreslauf immer wieder neue Pflanzen.

MÖGLICHE VERWECHSLUNG: Beim Behaarten Franzosenkraut sind die Stängel stärker behaart – beide Arten können gleich verwendet werden.

INHALTSSTOFFE: Calcium, Eisen, Eiweiß, Magnesium, Mangan, Vitamine.

HEILWIRKUNG: Die Vitalität dieser schnellwachsenden Pflanzen kommt uns im Salat zugute. Durch das schnelle Wachstum

können wir den ganzen Sommer frische Pflanzenspitzen ernten.

STANDORT: Stickstoff- und nährstoffreiche Böden, wie Gemüsebeete und Äcker, (Nährstoffzehrer, daher in der Landwirtschaft nicht gerne gesehen) auch auf Schutt und Wegen (hier spärlicher im Wuchs).

VERWENDETE PFLANZENTEILE: Die ganze Pflanze mit Blüte und Samen, bevorzugt vor allem die jungen Blätter in Salat, Pesto, Gemüse, Knödel, Aufläufe, Suppen, Presssäfte usw. Bereits die Ureinwohner Kolumbiens bereiteten daraus schmackhafte Gerichte.

GESCHICHTEN: Das Franzosenkraut stammt aus Südamerika wie die Kartoffel und die Tomate. Daher ihre Empfindlichkeit gegen

Frost. Es ist das Musterbeispiel eines Neophyten, das heißt die Heimat war nicht Europa. Anfang des 18. Jahrhunderts kam es über die botanischen Gärten in die Natur und auf die Äcker. Wegen seiner schmackhaften Blätter auch gezielt angebaut, war es bald nicht mehr zu bändigen und wurde zu einer wahren Plage. Da die Ausbreitung in die Zeit der Feldzüge von Napoleon fiel und dadurch niemand Zeit zum Jäten hatte, versteht man die Namensgebung: Franzosenkraut. Jetzt kommt es fast auf der ganzen Welt vor. Auch Kleintiere wie Hasen bevorzugen das Franzosenkraut, und was übrig bleibt dient als Gründünger.

FRAUENMANTEL

Alchemilla vulgaris

Allerfrauenheil, Frauenhilf, Frauenrock, Frauentrost, Herrgottmäntelchen, Marienmantel, Milchkraut, Perlkraut, Sonnentau, Taukraut, Weiberkittel

FAMILIE: Rosengewächse, Rosaceae

MERKMALE: Die weichen, nierenförmigen bis rundlichen gelappten Blätter sind am Rand gezähnt und sehen aufgefaltet wie ein ausgebreiteter Mantel aus. Kleine gelbgrüne und knäuelförmig angeordnete Blüten sehen aus, als würden sie auf den Blättern sitzen. Über winzige Drüsen am Blattrand scheidet der Frauenmantel kleine Tropfen (Guttation) aus. Frühaufsteher können beim Morgentau diese Wassertropfen auf den Blättern sammeln. Auf die Gesichtshaut verteilt, soll das die beste Pflege sein. Welche Bedeutung diese Tautropfen für die Menschen im Mittelalter hatten, wird durch den Namen »Himmelswasser« deutlich.

BLÜTEZEIT: Mai bis September.

MÖGLICHE VERWECHSLUNG: Mit anderen Arten, die Formenvielfalt ist sehr groß.

INHALTSSTOFFE: Ätherische Öle, Bitterstoffe, Flavonoide, Glykoside, Chlorophyll, Gerbstoffe, Phytosterin, Saponine.

HEILWIRKUNG: Der Frauenmantel wirkt entzündungshemmend, schmerzlindernd und krampflösend. In der Volksmedizin wird er eingesetzt bei klimakterischen Beschwerden und schmerzhafter Regel der Frau, aber auch bei Magen- und Darmkatarrhen, Durchfall, zur »Blutreinigung«, Mundspülung und zur Nervenberuhigung.

STANDORT: Auf feuchten Wiesen, Bachrändern, bei Gebüschen und an Straßenböschungen.

VERWENDETE PFLANZENTEILE: Blätter und Blüten als essbare Dekoration, in Salat, zu Gemüse, Suppen, Presssäften und Tee. Frisch zerquetschtes Kraut als Erstversorgung bei Verletzungen auflegen.

GESCHICHTEN: Kräuterpfarrer Künzle: *»Die Alten kannten die Heilkraft dieser Pflanze ganz wohl und gaben ihr den Namen Alchymilla (Zauberkraut)«.*
Auf alten Marienbildern trug Maria einen Umhang als Mantel, der dem Blatt des Frauenmantels ähnlich sieht. Daher auch der Name Marienmantel.
Folgendes Lied zeigt, dass nicht immer alle begeistert waren von den Vorteilen des Frauenmantels: *»Ach, melken, melken immerfort! Oh! Wärt ihr Kräuter längst verdorrt, die ihr so reichlich sprießet, von Milch ihr überfließet«.* Bedienstete auf Bauernhöfen mussten nämlich besonders viel melken, wenn die Kühe Gras mit Frauenmantel bekamen.

FÜNFFINGERKRAUT

Potentilla reptans

Fingerkraut, Goldenes Fingerkraut, Kriechendes Fingerkraut

FAMILIE: Rosengewächse, Rosaceae

MERKMALE: Der Name Fünffingerkraut lässt deutlich auf die Blattform schließen. Die langgestielten, gefingerten, handförmigen Blätter bestehen meistens aus fünf grob gesägten Einzelblättern. Goldgelbe, fünfzählige Blüten sitzen einzeln in den Blattachseln der blattreichen Pflanze. Feine, lange Stängel kriechen weitflächig am Boden und wurzeln mit ihren Knoten in der Erde.

BLÜTEZEIT: Juli bis September.

MÖGLICHE VERWECHSLUNG: Mit anderen Pflanzen aus der Gattung Fingerkräuter.

INHALTSSTOFFE: Bitterstoffe, Cumarine, Flavonoide, Gerbstoffe.

HEILWIRKUNG: Das Fingerkraut gilt in der Volksmedizin als wundheilend, zusammenziehend und stopfend. Besonders bei Durchfall und Blutungen, aber auch bei Entzündungen im Mund und Magenbereich findet es Anwendung. Laut Hildegard von Bingen ist es sehr hilfreich bei Fieber und Paracelsus soll es zur Festigung der Zähne empfohlen haben.

STANDORT: In feuchten Wiesen, an Wegrändern, Böschungen, in Äckern, auf Schuttplätzen und in Weinbergen.

VERWENDETE PFLANZENTEILE: Zarte frische Blätter und die Blüten als essbare Dekoration, in Salat, Gemüsegerichten, Suppen, Brotaufstrichen und Tee.

GÄNSEBLÜMCHEN

Bellis perennis (schön und ausdauernd)

Angerbleamerl, Augenblume, Marienblumchen, Mairöserl, Maßliebchen, Mondscheinblume, Morgenblume, Tausendschön, Winterröschen. In England: »Daisy« = Auge des Tages (dort gilt als Wettervorhersage: Kann man auf sieben Gänseblümchen gleichzeitig steigen, dann ist Frühling)

FAMILIE: Korbblütler, Asteraceae

MERKMALE: Den meisten Menschen ist dieser kleinwüchsige, zierliche Korbblütler ein Begriff. Die kleinen zarten Blätter sehen dem Feldsalat ähnlich und bilden eine Blattrosette. Weiße Blütenblätter sind bei Sonnenschein geöffnet und laufen nach kühlen Nächten oft rötlich an. Seine winzigen Röhrenblüten in der Mitte leuchten gelb.

BLÜTEZEIT: Fast das ganze Jahr.

MÖGLICHE VERWECHSLUNG: Ist eigentlich nicht möglich.

INHALTSSTOFFE: Ätherische Öle, Bitterstoffe, Flavonoide, Gerbstoffe, Mineralstoffe, Saponine, Schleimstoffe, Vitamine.

HEILWIRKUNG: In der Volksmedizin ist es bekannt als wundheilend, blutreinigend, schleimlösend. Es findet Anwendung bei der Frühjahrskur zur Anregung des Stoffwechsels, bei Hauterkrankungen, als

Magen- und Lebermittel und bei Erkältungskrankheiten.

STANDORT: Auf ungedüngtem Rasen, Böschungen und Gärten.

VERWENDETE PFLANZENTEILE: Blätter, Knospen und Blüten zu Salaten, essbarer Dekoration, Kapern, Brotaufstrichen, Suppen, Tee aus Blüten und Blättern und als Wundauflage.

GESCHICHTEN: In alten Legenden wird diese Geschichte erzählt: Da die Hl. Maria auf der Flucht nach Ägypten sehr viel weinte, soll aus ihren Tränen das Gänseblümchen entstanden und durch Blutstropfen die Blütenblätter rötlich gefärbt worden sein.
Besonders Kinder werden von dieser zierlichen Schönheit angesprochen, um daraus

Haarkränzchen zu binden und so spielerisch die Natur kennenzulernen.
Das Gänseblümchen galt als Blume von Freya, der Göttin der Liebe und des Glücks, als Zeichen für Fruchtbarkeit und Neubeginn.
Liebesorakel: *Er liebt mich von Herzen, mit Schmerzen, über alle Maßen, zum Rasen, kann es gar nicht lassen, ein wenig, gar nicht.*
Die ersten Frühlingsblüher hat man mit Sehnsucht erwartet. Darum heißt es auch im Volksmund: Isst man das erste Gänseblümchen nach dem Winter, so hat man Glück.

GÄNSEFINGERKRAUT

Potentilla anserina

Anserine, Fingerkraut, Gänserich, Krampfkraut

FAMILIE: Rosengewächse, Rosaceae

MERKMALE: Die gefiederten, bis circa 20 cm langen Blätter, sehen auf der Blattunterseite weiß behaart aus. Kleine Nebenblätter unterbrechen die länglichen, tief gesägten Fiederpaare. Die oberirdischen, manchmal rötlichen Ausläufer der mehrjährigen Pflanze wurzeln am Stängelknoten und werden zu einer neuen Pflanze. Langstielige, strahlend gelbe Blüten entwickeln sich aus dem angewachsenen Knoten.

BLÜTEZEIT: Mai bis September.

MÖGLICHE VERWECHSLUNG: Mit anderen Pflanzen aus der Gattung Fingerkräuter.

INHALTSSTOFFE: Bitterstoffe, Cumarine, Flavonoide, Gerbstoffe.

HEILWIRKUNG: Das Gänsefingerkraut gilt in der Volksmedizin als wundheilend, zusammenziehend, krampflösend und stopfend. Besonders eingesetzt wird es bei Menstruationsschmerzen, Wadenkrämpfen, Durchfall und auch bei Entzündungen im Mund und Magenbereich.

STANDORT: In nährstoffreichen Wiesen, Graben, auf Weg- und Ackerrändern und auf Schuttplätzen.

VERWENDETE PFLANZENTEILE: Zarte frische Blätter und die Blüten als essbare Dekoration, in Salat, Gemüse- und Getreidegerichten, Suppen, Brotaufstrichen und Tee. Die Wurzeln als Rohkost und Gemüsespeisen.

GEFLECKTE TAUBNESSEL

Lamium maculatum

Ackernessel, Bienensaug, Falsche Brennnessel, Honigblume, Kuckucksnessel, Zahme Nessel

FAMILIE: Lippenblütler, Lamiaceae

MERKMALE: Die Gefleckte Taubnessel ist eine aufrecht wachsende, weiche Pflanze mit kaminroten Lippenblüten, die voll erblüht wie ein offener Schlund wirkt. Die Unterlippe ist gefleckt, daher der Name. An den vierkantigen Stängeln sind die Blüten in Quirlen angeordnet. Die Bienen konnen den Nektar aus den tiefen Blütenkelchen der Taubnessel nicht sammeln. Dies ist jedoch den Hummeln möglich. Zwischen den Blüten sitzen gegenständig die herzförmigen Blätter ohne Brennhaare.

BLÜTEZEIT: April bis Oktober.

MÖGLICHE VERWECHSLUNG: Vor der Blüte mit der Weißen Taubnessel, mit der Roten Taubnessel, der Stängelumfassenden Taubnessel oder mit anderen dieser Art. Sie können ähnlich verwendet werden.

INHALTSSTOFFE: Ätherische Öle, Flavonoide, Gerbstoffe, Glykoside, Mineralien, Saponine, Schleimstoffe, Vitamine.

HEILWIRKUNG: In der Volksmedizin gilt sie als schleimlösend, entzündungshemmend, verdauungsfördernd und zusammenziehend. Sie ist vor allem eine beliebte Gemüsepflanze.

STANDORT: In Wäldern, Hecken und Gebüschen, auf Schuttplätzen, Unkrautfluren und an Zäunen.

VERWENDETE PFLANZENTEILE: Die Sprossen, Blüten und Blätter zu Salaten, Gemüse, Spinat, Suppen, Tee und Kräuterbutter.

GEMEINE NACHTKERZE

Oenothera biennis

Abendblume, Eisenbahnerlaterne, Nachtstern, Rapontika, Rapunzel, Schinkenwurz, Zweijährige Nachtkerze

FAMILIE: Nachtkerzengewächse, Onagraceae

MERKMALE: Wer der Nachtkerze beim Aufblühen zusehen will, darf nicht zu früh ins Bett gehen. Bei Sonnenuntergang können wir die Blüte beobachten, wie sie sich im Zeitraffertempo öffnet. Im Laufe des nächsten Tages verblüht sie schon wieder und bildet eine Vielzahl von Samen. Die zweijährige Pflanze bekommt diese leuchtend gelben Blüten erst im zweiten Jahr. Ihr süßlicher, vanilleähnlicher Duft zieht nicht nur Nachtfalter vom Sommer bis zum ersten Frost Tag für Tag an. Eine flache Blattrosette aus lanzettlichen bis länglich eiförmigen Blättern entwickelt sich im ersten Sommer. Im Spätherbst des gleichen Jahres oder im zeitigen Frühjahr des

Folgejahres können wir die »Schinkenwurz« ernten. Diese Pfahlwurzeln sehen nicht nur dem Schinken ähnlich, auch der Geschmack erinnert daran. Die »Rapontika«, wie Goethe die Nachtkerze genannt hat, soll auch von ihm gerne verspeist worden sein.

BLÜTEZEIT: Juni bis Oktober.

MÖGLICHE VERWECHSLUNG: Mit anderen Nachtkerzen-Arten. Alle sind verwendbar.

INHALTSSTOFFE: In den Blättern Flavonoide, Gerbstoffe und Schleimstoffe. In den Samen ungesättigte Fettsäuren (Gamma-Linolsäure), Vitamine und in den Wurzeln Mineralstoffe und pflanzliches Eiweiß.

HEILWIRKUNG: In der Volksmedizin werden die Blätter bei Durchfall verwendet, aber vor allem die Wurzeln als kraftspendendes

Gemüse. Das krampflösende und hautwirksame Nachtkerzenöl ist für viele Funktionen im Körper wichtig.

STANDORT: In Steinbrüchen, Kiesgruben, auf Bahndämmen und Wegrändern. Ursprünglich aus Nordamerika nach Mitteleuropa eingeführt, ist sie nun häufig in der Natur zu finden.

VERWENDETE PFLANZENTEILE: Die jungen Blätter in Salat und Kräuterbutter. Blüten und Blütenknospen als essbare Dekoration, in Salat oder direkt von der Pflanze in den Mund. Die Wurzeln geraspelt als Frischkost oder gekocht wie Schwarzwurzeln. Die Samen in Brot und Gebäck.

GEWÖHNLICHER HORNKLEE

Lotus corniculatus

Gemeiner Hornklee, Schotenklee, Wiesen-Hornklee

FAMILIE: Schmetterlingsblütler, Fabaceae

MERKMALE: Die kleinen Blätter des Gewöhnlichen Hornklees sehen auf den ersten Blick fünfzählig gefiedert aus. Sie sind jedoch dreizählig, denn die unteren zwei ungestielten Fiedern liegen am Stängel an und sind Nebenblätter. Die einzelnen glattrandigen Teilblättchen sind länglich-oval. Mehrere gelbe Blüten, manchmal mit rötlicher Färbung, sitzen am oberen Ende des aufsteigenden, vierkantigen Stängels. Nach dem Abblühen der Schmetterlingsblüten entstehen nach außen zeigende, längliche Früchte, die Samenschoten. Auf diese Früchte bezieht sich der Name Hornklee.

BLÜTEZEIT: Mai bis August.

MÖGLICHE VERWECHSLUNG: Mit anderen Schmetterlingsgewächsen.

INHALTSSTOFFE: Cyanwasserstoffe, Flavonoide, Gerbstoffe.

HEILWIRKUNG: In der Volksmedizin gilt der Gewöhnliche Hornklee als krampflösend und beruhigend. Er wird bei Schlafstörungen, Nervenleiden und auch bei Hautproblemen vorgeschlagen.

STANDORT: In Wiesen und Weiden, an Wegrändern und Böschungen.

VERWENDETE PFLANZENTEILE: Zarte frische Blätter und Triebspitzen nur in geringen Mengen, in Spinat, Suppen, Gemüse, zum Würzen. (Giftige Cyanwasserstoffe entweichen beim Kochen ohne Deckel.)

GIERSCH

Aegopodium podagraria

Dreiblatt, Erdholler, Geißfuß, Gichtkraut, Wilder Holunder, Zipperleinskraut, Zaungiersch

FAMILIE: Doldenblütler, Apiaceae

MERKMALE: Seine doppelt dreizähligen Blätter sind gefiedert und der Blattrand ist gesägt. Weitere eindeutige Merkmale sind der typische, angenehme Geruch, der an Petersilie (andere sagen an Karotten) erinnert, der dreikantige Stängel sowie die wuchernden, langen Ausläufer, die sich unterirdisch schnell verbreiten. Reißt man eine solche Wurzel (Rhizome) ab, entstehen sofort neue Triebe. Da zur Familie der Doldenblütler der giftige Schierling gehört, ist es besonders wichtig, den Giersch genau bestimmen zu können.

BLÜTEZEIT: Juni bis August.

MÖGLICHE VERWECHSLUNG: Die Blätter mit der jungen Pflanze der Wald-Engelwurz und des Schwarzen Holunders, die weiße Doldenblüte mit ähnlichen Blüten anderer, giftiger Doldengewächse.

INHALTSSTOFFE: Ätherische Öle, Bitterstoffe, Carotin, Eiweiß, Flavonoide, Mineralstoffe, Provitamin A, Vitamin C.

HEILWIRKUNG: Giersch wird in der Volksmedizin eingesetzt bei Gicht (Podagra), Rheuma, Arthritis und gegen Bienenstiche.

STANDORT: Der Giersch bevorzugt feuchte, nährstoffreiche Standorte im Schatten oder Halbschatten, in Wäldern, Gärten, am Waldrand und unter Sträuchern. Eigentlich hat ihn schon jeder Gartenbesitzer kennengelernt und bezeichnet ihn oft als »lästiges Unkraut«.

VERWENDETE PFLANZENTEILE: Junge Blätter zu Suppen, Soßen, Gemüsegerichten, Aufläufen, Kräuterbrot, Kräuterbutter, Kräutersalz, Tee, Spinat, als Salat, Gewürz (Ersatz für Petersilie) und mehr.

GESCHICHTEN: Seit jeher wird am Donnerstag vor Ostern die Gründonnerstagsuppe gekocht. In diese Suppe kommen neun Wildkräuter, dazu gehört der Giersch. Die Zusammensetzung ist von Ort zu Ort verschie-

den, je nachdem, welche Frühlingskräuter bereits wachsen. Aber alle Suppen versprechen neue Kraft und Wohlergehen.

Die Vielzahl der Namen spricht schon dafür, dass der Giersch, als eines der ältesten Wildgemüse, fast überall wächst und leicht gesammelt werden kann. Darum ist es sinnvoll, sich bei Kräuterführungen den Giersch genau zeigen zu lassen.

GROSSE KLETTE
Arctium lappa

Haarballe, Igelklette, Klebern, Klettenwurz

FAMILIE: Korbblütler, Asteraceae

MERKMALE: Die zweijährige Große Klette erreicht im Sommer eine stattliche Höhe von über einen Meter. Am dicken gefurchten und aufrechten Stängel sitzen große langgestielte, herzförmig ovale Blätter, die zum Ende der Triebe immer kleiner werden. Die roten, kugeligen, borstigen Korbblüten können sich mit hakenförmigen Spitzen an Fellen und Kleidung festkrallen. Diese Blüten erscheinen erst im zweiten Jahr und erinnern an kleine Artischocken. Die Große Klette war Vorbild für den Klettverschluss.

BLÜTEZEIT: Juni bis September.

MÖGLICHE VERWECHSLUNG: Mit anderen Klettenarten.

INHALTSSTOFFE: Ätherische Öle, Bitterstoffe, Flavonoide, Gerbstoffe, Inulin, Schleimstoffe.

HEILWIRKUNG: Die Große Klette gilt in der Volksmedizin als blutreinigend, antibakteriell und wundheilend. Sie wird besonders bei Schuppen auf der Kopfhaut und anderen Hautproblemen, bei Haarausfall, Leber- und Gallenstörung und als Blutreinigungsmittel empfohlen.

STANDORT: An Feldrainen, Weg-, Waldrändern und Schuttplätzen.

VERWENDETE PFLANZENTEILE: Junge Triebe und Stängel in Salate, zu Gemüse, als Spargel und die Wurzeln aus dem ersten Jahr der Pflanze als Rohkost oder in Gemüse (ähnlich wie die Schwarzwurzel).

GROSSER WIESENKNOPF

Sanguisorba officinalis

Blutkopf, Hergottsbart, Wiesenbibernelle

FAMILIE: Rosengewächse, Rosaceae

MERKMALE: Die aufrechte, bis zu einen Meter hohe, kantige, mehrjährige Pflanze verzweigt sich im oberen, blattlosen Drittel. Die unpaarig gefiederten Blätter, die eine dunkelgrüne Rosette am Boden bilden, sind aus herzförmig-länglichen Teilblättchen mit gesägtem Rand zusammengesetzt. Wie eine »Blutkugel« (– Sanguisorba) zeigen sich die eiförmigen Blütenstände. Die eigentlichen rotbraunen Blüten sind sehr klein und nur beim genaueren Hinsehen zu erkennen. Der würzige Duft beim Zerreiben eines Blattes erinnert an frische Äpfel.

BLÜTEZEIT: Juli bis August.

MÖGLICHE VERWECHSLUNG: Mit dem Kleinen Wiesenknopf.

INHALTSSTOFFE: Saponine, Flavonoide, Gerbstoffe, Bitterstoffe, Vitamin C.

HEILWIRKUNG: Der Große Wiesenknopf ist eine alte Heilpflanze. In der Volksmedizin werden das Kraut und die Wurzel vor allem bei Durchfall, zur Blutstillung und bei Entzündungen angewandt. Sie wirkt stopfend, zusammenziehend, schmerzlindernd und entzündungswidrig.

STANDORT: Auf Wiesen im Tal und auf dem Berg, an Flussufern und Böschungen in der Sonne und im Halbschatten.

VERWENDETE PFLANZENTEILE: Blätter und Blüten für Salate, Gemüse, Suppen, Presssaft, Tee, als essbare Dekoration.

GUNDERMANN
Glechoma hederacea

Donnerrebe, Erdefeu, Erdkränzlein, Gundelrebe, Kranzkraut, Soldatenpetersilie, Zaungucker

FAMILIE: Lippenblütler, Lamiaceae

MERKMALE: Die winterharten Triebe mit ihren nierenförmigen, leicht eingekerbten Blättern wuchern wie ein Bodendecker, sogar über Zäune hinweg. Zur Blütezeit wächst er aufrecht mit kleineren Blättern, somit können die Insekten die hellvioletten Lippenblüten besser sehen. Sein intensiver, minziger Duft, der beim Zerreiben frei wird, bleibt in Erinnerung.

BLÜTEZEIT: März bis Juni.

MÖGLICHE VERWECHSLUNG: Mit der Echten Nelkenwurz und der Knoblauchsrauke im jungen Stadium, die auch essbar sind.

INHALTSSTOFFE: Ätherische Öle, Bitterstoffe, Gerbstoffe, Kalium und andere Mineralstoffe, Saponine, Vitamin C.

HEILWIRKUNG: In der Volksmedizin ist die Pflanze bei Magenkatarrhen, Galle-, Leber-, Nierenbeschwerden hilfreich. Äußerlich bei Eiterungen und zum Gurgeln bei Entzündungen im Mundraum. Außerdem wirkt sie schleimlösend und stoffwechselanregend.

STANDORT: In Gärten sowie in der freien Natur, meistens auf feuchten, schattigen Standorten, auf Wiesen und an Hecken, in Wäldern und an Waldrändern.

VERWENDETE PFLANZENTEILE: Die Blätter als essbare Dekoration, für Salate, Kräuterbutter, Süßspeisen, Suppen, Kräuterlimonaden und Likör. Blühende Pflanzen werden für Tee, Aufgüsse und Badewasser getrocknet.

GESCHICHTEN: Der Gundermann gehört auch in die Gründonnerstagsuppe. In manchen Gegenden heißt sie »Grüne Neune«, da neun verschiedene Wildkräuter dazugehören (Brennnessel, Gänseblümchen, Giersch, Gundermann und weitere Frühlingskräuter).
Bei unseren Vorfahren kam der Gundermann auch als Zauberpflanze zum Einsatz. Die Menschen glaubten, der Gundermann könne mit seinen guten Kräften vor bösen Mächten schützen. Sie begrüßten tanzend, mit einem gebundenen Gundermannkranz in den Haaren, den nahenden Frühling.

Den Kühen wurde Gundermann gefüttert, damit sie geschützt waren und weiterhin reichlich Milch gaben. Dazu sagten sie: *»Kuh, da geb ich dir die Gundelreben, dass du mir die Milch willst wieder geben«.*

Das Gundermannbier (Ale) war bei den Engländern sehr beliebt. Erst im 17. Jahrhundert kam der Hopfen ins Bier.

GUTER HEINRICH

Chenopodium bonus-henricus

Dorf-Gänsefuß, Mehlspinat, Wilder Spinat

FAMILIE: Amarantgewächse, Amaranthaceae

MERKMALE: Die aufrechte Pflanze trägt einen ährenähnlichen Blütenstand mit grünen, unscheinbaren Blüten. Lang gestielte, fleischige Blätter haben eine dreieckige bis spießförmige, glattrandige Form und wachsen wechselständig am kantigen Stängel. Die Blattunterseite sieht mehlig bestäubt aus. Der Gute Heinrich gehört zu den besten Wildgemüsen, da seine Blätter zart und säuerlich, aber lecker schmecken.

BLÜTEZEIT: Mai bis Oktober.

MÖGLICHE VERWECHSLUNG: Mit anderen essbaren Gänsefußarten. Die Blätter mit denen des giftigen Aronstabes, der jedoch keine mehlig bestäubten Blätter hat.

INHALTSSTOFFE: Mineralstoffe, Oxalsäure, Proteine, Saponine, Vitamine.

HEILWIRKUNG: Der Gute Heinrich wirkt abführend, blutreinigend und reizlindernd. In der Volksmedizin wird er bei Hautproblemen, zur Anregung des Stoffwechsels und bei Schleimhautentzündung verwendet. Bei Nierensteinen wegen Oxalsäure zurückhaltend sein.

STANDORT: Neben Äckern, Komposthaufen und am Wegesrand. In der Natur kommt der Gute Heinrich fast nicht mehr vor. Die Vermehrung im Garten ist deshalb sinnvoll.

VERWENDETE PFLANZENTEILE: Blätter und Triebspitzen in Salat, Spinat, Suppen, wie Spargel, in Nudelteig und Omelett, gekeimte Samen zur Frischkost.

HÄNGE-BIRKE
Betula pendula

Besenbirke, Frühlingsbaum, Hexenbirke, Maibaum, Sandbirke, Warzenbirke, Weißbirke

FAMILIE: Birkengewächse, Betulaceae

MERKMALE: Der lichte, sommergrüne Laubbaum kann eine Höhe bis zu 30 Metern erreichen und 100 Jahre alt werden. Ihre auffallenden Merkmale sind die

weiße Rinde mit schwarz aufgerissenen Querstreifen, die aussieht wie die Kruste eines frisch gebackenen, knusprigen Brotes, und die ausgebreiteten Äste mit den überhängenden und feingliedrigen Zweigen. Die dreieckigen, lang zugespitzten und am Rand scharf gesägten Blätter erscheinen im zeitigen Frühjahr. Die hängenden männlichen Blütenkätzchen sind wesentlich größer als die weiblichen stehenden Kätzchen und erscheinen etwa zeitgleich mit den Blättern.

BLÜTEZEIT: April bis Mai.

MÖGLICHE VERWECHSLUNG: Mit anderen Birkenarten.

INHALTSSTOFFE: Ätherische Öle, Bitterstoffe, Flavonoide, Gerbstoffe, Saponine, Vitamine.

HEILWIRKUNG: Als anerkannte Wirkung der Birkenblätter gilt die Wasserausscheidung. Deshalb wird Tee besonders bei entzündlichen Erkrankungen der Blase und Niere getrunken, aber auch bei Rheuma und Gicht und zur Frühjahrskur.

STANDORT: In Steinbrüchen, Wäldern und Magerweiden. Sie bevorzugt trockene Standorte.

VERWENDETE PFLANZENTEILE: Junge Blätter in Frühlingssalat, als essbare Dekoration, Brotbelag, in Gemüse, Kräuterbutter und Tee. Der Birkensaft für frische Getränke und Sirup.

GESCHICHTEN: »*... Birke, du mädchenhaft schlanke, schwankend am grünen Hag. Lieblicher Gottesgedanke vom dritten Schöpfungstag.*« (Aus »Birkenlegendchen« von Börries von Münchhausen)

Zur Weihnachtszeit werden auf Märkten Reisigbesen angeboten, die aus den Zweigen der Birke angefertigt wurden.
Im zeitigen Frühjahr kann der Birkensaft mit einem Bohrloch gewonnen werden. Dazu wird ein etwa drei cm tiefes Loch in die Rinde gebohrt, und bald fließt frischer Birkensaft. Dies sollte nicht jedes Jahr geschehen, damit der Baum geschont wird. Das Fließen dieses Saftes kann man im Frühjahr sogar hören, wenn man sein Ohr an den Stamm legt und genau hinhört. Aus dem Birkensaft wurde unter anderem auch Haarwasser hergestellt, das bei Haarausfall oder Schuppen helfen soll.

HECKENROSE

Rosa canina

Feldrose, Hundsrose, Hagebutte, Hagedorn, Hainrose, Rosendorn, Wilde Rose

FAMILIE: Rosengewächse, Rosaceae

MERKMALE: Die wilden, dekorativen Heckenrosen strömen einen so wunderbaren Duft aus, dass man an ihnen nicht vorbeigehen kann. Dornige, biegsame Stängel und Zweige ranken sich mehrere Meter hoch in Bäume und Sträucher. Die unpaarig gefiederten Blätter sind am Blattrand gesägt. Das auffallendste sind die weißen bis rosa Blüten, die leicht säuerlich schmecken, und die kugeligen, roten Hagebutten, die Früchte der Rosen.

BLÜTEZEIT: Juni bis Juli

FRÜCHTEZEIT: September bis November

MÖGLICHE VERWECHSLUNG: Mit verschiedensten Wildrosen in der Natur in Mitteleuropa, die auch verwendet werden können.

INHALTSSTOFFE: Fruchtsäuren, Flavonoide, Gerbstoffe, Mineralstoffe, Vitamine.

HEILWIRKUNG: In der Naturmedizin wird Tee aus den Hagebutten bei fiebrigen Erkältungskrankheiten und zur Steigerung der Abwehrkräfte und damit auch vorbeugend getrunken. Sie gelten auch als leicht abführend und harntreibend.

STANDORT: In Hecken und Gebüschen, an Waldrändern, neben Wegen und Feldgehölzen.

VERWENDETE PFLANZENTEILE: Die Blütenblätter in Tee, Likör, Gelee, Essig, Salat und als essbare Dekoration. Die Hagebutten in Kürbissuppen, Tomatensoßen, Likör, Essig, zu Mus, Sirup und Tee.

HEIDELBEERE
Vaccinium myrtillus

Bickbeere, Blaubeere, Haselbeeri, Schwarzbeere, Wehlen, Hoawa, Worbel

FAMILIE: Heidekrautgewächse, Ericaceae

MERKMALE: Der kleine Strauch mit seinen grünen, eiförmigen Blättern bekommt im Frühjahr unscheinbare grün-rötliche, kugelige Blüten. Aus ihnen werden im Sommer blauschwarze, wohlschmeckende Beeren.

BLÜTEZEIT: Mai bis Juni.

BEERENREIFE: ab Juli.

INHALTSSTOFFE: Flavonoide, Fruchtsäuren, Gerbstoffe, Mineralstoffe, Pektin, Vitamine.

HEILWIRKUNG: Die frischen Beeren unterstützen die Verdauung, die getrockneten sind sogar ein natürliches Mittel gegen Durchfall. In der Volksmedizin werden die Früchte und die Blätter auch bei Husten, Blasenschwäche, Magenbeschwerden, Diabetes, Hautkrankheiten, zur Stärkung der Abwehrkräfte und zur Behandlung von Hämorrhoiden eingesetzt. Vorsicht! Beim Blättertee wurden Nebenwirkungen bei Überdosierung und Langzeitgebrauch (ohnehin nicht ratsam) festgestellt. Die frischen Beeren können ohne Bedenken genossen werden. Heidelbeeren sollten oft auf dem Speisezettel stehen, da sie sehr gesund sind. Sie sollen die Sehkraft stärken und sogar das »Altern verzögern«.

STANDORT: In lichten Laub- und Nadelwäldern, Heiden und Mooren.

VERWENDETE PFLANZENTEILE: Die reifen Früchte mit Sahne, zu Säften, Getränken, Eis, Desserts und Marmelade, für Müsli und Kuchen.

HEIL-ZIEST
Betonica officinalis

Beschreikraut, Echter Ziest, Gemeine Betonie, Heilbatunge, Rote Betonie, Zahnkraut

FAMILIE: Lippenblütler, Lamiaceae

MERKMALE: An der Spitze des aufrechten, vierkantigen Stängels wachsen ährenähnliche, rote Lippenblüten. Sie werden besonders von Schmetterlingen und Hummeln angeflogen. Behaarte eiförmige bis lanzettliche Blätter sind gestielt und am Rand gekerbt. Sie wachsen vor allem am Boden, aber auch am wenig verzweigten, vierkantigen Stängel der mehrjährigen Pflanze. Am Stängel sitzen die Blätter zu zweit gegenüber und sind etwas kleiner. Beim Probieren fällt sofort der bittere Geschmack auf.

BLÜTEZEIT: Juni bis August.

MÖGLICHE VERWECHSLUNG: Mit anderen roten Lippenblütengewächsen.

INHALTSSTOFFE: Alkaloide, Bitterstoffe, Flavonoide, Gerbstoffe.

HEILWIRKUNG: In der Volksmedizin wird der Heil-Ziest bei Wunden, Kopf- und Halsschmerzen, Bronchitis, Durchfall und Blasenentzündungen genutzt. Er gilt als harntreibend, stopfend, schleimlösend und kräftigend. Hildegard von Bingen empfahl ihn bei »schlechten« Träumen.

STANDORT: Auf mageren Wiesen, in lichten Laubwäldern, auf sonnigen Hängen und Bergwiesen.

VERWENDETE PFLANZENTEILE: Die jungen Blätter und Blüten als essbare Dekoration, in Gemüse, Suppen und Kräuterteemischungen.

HIRTENTÄSCHEL

Capsella bursa-pastoris

Bauernsenf, Blutkraut, Gänsekresse, Herzbeutel, Herzkraut, Muttergottesbrot, Schinkenkraut, Schneiderbeutel, Taschenkraut

FAMILIE: Kreuzblütler, Brassicaceae

MERKMALE: Das Hirtentäschel ist eine ein- bis zweijährige Pflanze. Die tief gefiederten Blätter der Blattrosette sehen manchmal den Löwenzahnblättern ähnlich. An dem aufrechten Stängel wachsen viele dreieckige Samenschoten, aber wenig Blätter. Blütenknospen und kleine weiße Blüten breiten sich an der Stängelspitze aus. Das Hirtentäschel hat gleichzeitig Blüten und Samen an einer Pflanze und schmeckt kresseähnlich.

BLÜTEZEIT: März bis November.

MÖGLICHE VERWECHSLUNG: Mit Wiesenschaumkraut, Acker-Hellerkraut, Pfeilkresse und Feldkresse, die auch essbar sind und zur Familie der Kreuzblütler gehören.

INHALTSSTOFFE: Aminosäuren, ätherisches Öl, Bitterstoffe, Flavonoide, Gerbstoffe, Kalium, ein Peptid mit blutstillender Wirkung, Senfölglykoside, Vitamine, Saponine.

HEILWIRKUNG: In der Volksheilkunde wird es als blutstillend und verdauungsfördernd geschätzt. Die Pflanze wird bei Wunden, Rheuma und Gicht und zur Mundspülung angewendet.

Das frühere BGA (Bundesgesundheitsamt) erkannte Hirtentäschel zur unterstützenden Behandlung übermäßiger Monatsblutungen an.

STANDORT: Auf Wiesen, Äckern, Schuttflächen und an Böschungen, in Gärten und an Mauern.

VERWENDETE PFLANZENTEILE: Blätter, Blüten und die grünen Früchte zu Salaten, Suppen, Brotaufstrichen, Senf, Eierspeisen, Quark und Soßen, auch zu Tee und Salben. Sehr gut geeignet für die Frühjahrskur.

GESCHICHTEN: Beim Hirtentäschel kann man sich den Namen leicht merken, weil er auf das Aussehen der Samen hinweist, die den Taschen der Hirten ähnlich sind.

Das Hirtentäschel mit seinen circa 60 000 Samen kann auf der ganzen Welt gesammelt werden.

Es war auch bei Weissagungen sehr gefragt, besonders wenn es darum ging herauszufinden, ob man geliebt wird. Dabei wurden die herzförmigen Samen mit den Worten: *»Er liebt mich von Herzen, mit Schmerzen, ein wenig, fast gar nicht …«* einzeln abgezupft.

HOHLZAHN

Gemeiner Hohlzahn (Galeopsis tetrahit)
Bunter Hohlzahn (Galeopsis speciosa)

Gewöhnlicher Hohlzahn, Gelber Hohlzahn, Stachelnessel, Stechender Hohlzahn

FAMILIE: Lippenblütler, Lamiaceae

MERKMALE: Bei den verschiedenen Hohlzahnarten sind die Merkmale ähnlich. Die Blätter der einjährigen Pflanze sind eiförmig-lanzettlich und der Rand ist meist gezähnt. Wunderschön gefärbte Lippenblüten von gelb über rot bis bunt sitzen als vielblütige, leicht stachelige Scheinquirle am verzweigten Stängel. Der Name Hohlzahn weist auf sein besonderes Merkmal hin. Bei genauer Betrachtung sind in der Blüte zwei »hohle Zähne« sichtbar.

BLÜTEZEIT: Juni bis Oktober.

MÖGLICHE VERWECHSLUNG: Mit anderen Hohlzahnarten oder mit den Taubnesseln. Sie sind auch verwendbar.

INHALTSSTOFFE: Ätherisches Öl, Bitterstoffe, Gerbstoffe, Kieselsäure, Saponine.

HEILWIRKUNG: In der Volksmedizin findet der Hohlzahn Anwendung bei Husten, bei Hautkrankheiten und für ein besseres Wohlbefinden, da er schleimlösend, zusammenziehend und blutreinigend wirkt.

STANDORT: Im Gemüsegarten, auf Äckern, am Waldrand, auf Kahlschlägen und Schuttplätzen.

VERWENDETE PFLANZENTEILE: Zarte frische Blätter in Salat, Gemüse, Spinat, Suppen, wie Spargel, in Nudelteig und Omelett, die Blüten als essbare Dekoration und die Samen zum Keimen.

HOPFEN
Humulus lupulus

Bierhopfen, Hopf, Hopfenblüten, Hopfenzapfen, Hupfen, Wilder Hopfen, Zaunhopfen

FAMILIE: Hanfgewächse, Cannabaceae

MERKMALE: Der Hopfen ist eine raue Schlingpflanze, die drei bis sieben Meter hoch wächst. Seine Blätter sind gelappt mit einem gezähnten Rand. Jeden Frühling treibt der Hopfen wieder neu aus. Nur die weiblichen Blüten reifen zu den typischen, herabhängenden Hopfenzapfen, die als Arznei und zum Brauen von Bier verwendet werden. Die hauptsächlichen Wirkstoffe sind in den kleinen gelben Drüsen der Hopfenzapfen enthalten. Darum werden die Zapfen geerntet, bevor die Drüsen abgefallen sind. Die männlichen Pflanzen haben unauffällige kleine Blüten.

BLÜTEZEIT: Juli bis August

MÖGLICHE VERWECHSLUNG: Mit der Waldrebe, die aber nicht verwendet werden kann (giftig!), keine Zapfen entwickelt und nicht ohne zusätzliche Kletterhilfe in die Höhe wächst.

INHALTSSTOFFE: Ätherische Öle, Flavonoide, Harze, Humolon, Lupulon (Hopfenbitter), Mineralstoffe, Schleimstoffe.

HEILWIRKUNG: Der Hopfen wirkt beruhigend und schlaffördernd.

STANDORT: In Auenwäldern, Hecken, an Waldrändern und Ufern, auch in Gesellschaft der Waldrebe.

VERWENDETE PFLANZENTEILE: Die jungen Triebspitzen zu »Hopfenspargel« und Hopfensprossen für verschiedene Gerichte. Weibliche Hopfenblüten zu Tee, Bier, Wein, Badewasser und Hopfenkissen. Die Ranken für Seile.

KANADISCHE GOLDRUTE

Solidago canadensis

Goldrute, Waldkraut, Wundkraut

FAMILIE: Korbblütler, Asteraceae

MERKMALE: Schwingende goldene und rispenartige Ruten leuchten mit ihren zahlreichen kleinen und gelben Korbblüten in der Sonne bis in den Spätherbst hinein. Lanzettliche Blätter mit leicht gezähntem Rand sitzen am aufrechten Stängel. Die mehrjährige, staudenartige Pflanze kann sich mit ihren unterirdischen Ausläufern sehr schnell vermehren.

BLÜTEZEIT: August bis Oktober.

MÖGLICHE VERWECHSLUNG: Mit der Gewöhnlichen und der Großen Goldrute. Beide sind auch verwendbar.

INHALTSSTOFFE: Ätherische Öle, Bitterstoffe, Flavonoide, Gerbsäure, Glykoside, Saponine.

HEILWIRKUNG: Die Goldrute gilt als entzündungshemmend, stoffwechselanregend, harntreibend und schleimlösend. In der Volksmedizin wird sie bei Blasen- und Nierenentzündungen, bei Hautleiden und Atemwegserkrankung empfohlen.

STANDORT: Immer in Gruppen an Waldwegen, auf Schuttplätzen, Kiesgruben, neben Bahngleisen, in Auwäldern, an Wegrändern und vor Gebüschen. Als Zierpflanze aus Nordamerika angesiedelt hat sie sich selbst ausgewildert (ein sogenannter Neophyt).

VERWENDETE PFLANZENTEILE: Zarte frische Triebspitzen in Salat, Gemüse- und Getreidegerichten, Suppen. Die jungen Blüten als essbare Dekoration und vor allem als Tee.

KARTOFFEL-ROSE
Rosa rugosa

Runzelrose, Apfel-Rose, Japan-Rose

FAMILIE: Rosengewächse, Rosaceae

MERKMALE: Die gefiederten Blätter dieser Wildrose sehen runzlig aus und ihr Blattrand ist leicht eingebuchtet. Der Name Kartoffelrose führt auf ihr kartoffelähnliches Laub zurück. An den verzweigten Ästen sitzen unterschiedlich dicke Stacheln. Der Rosenstrauch wird etwa zwei Meter hoch, und aus den Wurzeln können Ableger wachsen. Zahlreiche Bienen und Hummeln besuchen die gelben Staubblätter in der Mitte der weit geöffneten, rosa bis kräftig roten Blüten. Ihr Wildrosenduft ist süßlich zart. Die Hagebutten, die Früchte der Kartoffelrose, sind leuchtend rot und rund. Schneidet man eine Hagebutte auseinander, werden zahlreiche Kerne frei. Diese fleischigen Früchte sind besonders bei den Vögeln beliebt. Die Kartoffelrosen tragen zeitgleich Blüten und Früchte.

BLÜTEZEIT: Juni bis Oktober.

FRÜCHTEZEIT: Juli bis November.

MÖGLICHE VERWECHSLUNG: Mit verschiedensten Wildrosen in der Natur in Mitteleuropa, die auch verwendet werden können.

INHALTSSTOFFE: Ätherische Öle, Fruchtsäuren, Flavonoide, Gerbstoffe, Mineralstoffe, Vitamine.

HEILWIRKUNG: In der Naturmedizin werden vor allem die Hagebutten zur Steigerung der Abwehrkräfte vorbeugend empfohlen. Aber auch bei fiebrigen Erkältungskrankheiten kann Tee daraus

hilfreich sein. Die Rosen gelten als entzündungshemmend und blutreinigend.

STANDORT: An Straßenrändern, in Parks, in Hecken und Gärten. Sie ist anspruchslos an den Standort.

VERWENDETE PFLANZENTEILE: Die Blütenblätter in Tee, Likör, Gelee, Essig, Salat und als essbare Dekoration. Die Hagebutten in Kürbissuppen, Tomatensoßen, Likör, Essig, zu Mus, Marmeladen, Sirup und Tee. Blüten auch zu

Seifen, Rosenöl und Badezusatz.

GESCHICHTEN: *»Als Allerschönste bist du erkannt, bist Königin des Blumenreichs genannt; Unwidersprechlich allgemeines Zeugnis, Streitsucht verbannend, wundersam Ereignis! …«*
Johann Wolfgang von Goethe (1749–1832)
Die Kerne der Hagebutten können großen Juckreiz auslösen. So nutzten wir als Kinder diese Eigenschaft, um selbst Juckpulver daraus herzustellen.

KLATSCHMOHN
Papaver rhoeas

Blutblume, Feldmohn, Flattermohn

FAMILIE: Mohngewächse, Papaveraceae

MERKMALE: Das bekannteste Merkmal des einjährigen Klatschmohns ist die leuchtend rote Farbe der langstieligen Blüte. Insekten finden in der auffälligen Blüte eine kaum zu übertreffende Zahl von Pollenkörnern. Die zarten Blütenblätter welken jedoch sehr schnell und hervor kommt eine kugelige Fruchtkapsel. In dieser bilden sich unzählige Samen, mit denen sich die Pflanze vermehren kann. Neben dieser strahlenden farbenprächtigen Blüte kommen die fiederteiligen, gezähnten Blätter kaum zur Geltung, obwohl sie zart und erfrischend schmecken.

BLÜTEZEIT: Mai bis August.

MÖGLICHE VERWECHSLUNG: Mit anderen Mohn-Arten – einige davon geschützt – und mit dem giftigen Schlafmohn.

INHALTSSTOFFE: Alkaloide, Bitterstoffe, Farbstoffe, Gerbstoffe, Glykoside, Schleimstoffe.

HEILWIRKUNG: In der Volksmedizin wird der Klatschmohn bei Husten und Unruhe verwendet. Er gilt als beruhigend, schmerzlindernd und schlaffördernd.

STANDORT: In Getreidefeldern mit biologischem Anbau, auf Schuttplätzen, Ödland und an Wegrändern.

VERWENDETE PFLANZENTEILE: Junge Blätter und Blüten sparsam als essbare Dekoration. Die Blütenblätter in Getränke und zum Färben, die Samen für Brot und Gebäck. Den Milchsaft meiden. Er vor allem enthält die giftigen Alkaloide.

KLEINE BRAUNELLE

Prunella vulgaris

Gemeine Braunelle, Gewöhnliche Brunelle, Gutheil, Kleine Brunelle

FAMILIE: Lippenblütler, Lamiaceae

MERKMALE: Die ährenartigen Kugelköpfchen bestehen aus kleinen blau-violetten Lippenblüten. Gleich darunter wachsen länglich eiförmige Blätter. Diese gestielten Blätter stehen sich am kantigen Stängel gegenüber. Durch oberirdisch kriechende Ausläufer kann sich die krautige, immergrüne Pflanze vermehren. Selbst im Winter kann man kleine Pflänzchen unter Laub finden.

BLÜTEZEIT: Juni bis September.

MÖGLICHE VERWECHSLUNG: Mit der Großblütigen Braunelle. Wie der Name schon aussagt, ist sie größer, kann aber gleich verwendet werden.

INHALTSSTOFFE: Bitterstoffe, Flavonoide, Gerbstoffe, Saponine, Vitamine.

HEILWIRKUNG: In der Volksmedizin wird die Kleine Braunelle bei Verdauungskrankheiten, Diphterie, Halsentzündungen und Frauenbeschwerden verwendet, da sie antibiotisch, antibakteriell und krampflösend wirkt. Neueste Untersuchungen zeigen eine positive Wirkung gegen Herpesviren

STANDORT: Auf feuchten Wiesen, Wegrändern, Weiden, Waldwegen, Parkrasen und Böschungen.

VERWENDETE PFLANZENTEILE: Junge Triebe, Blätter und Blüten in Frühlingssalat, in Suppen, Gemüse und Kräuterbutter. Blüten in Blütenteemischungen und als essbare Dekoration.

KLEINER
WIESENKNOPF
Sanguisorba minor

Bibernelle (verwirrend, da es zu Verwechslungen mit Pimpinella saxifraga, Kleine Bibernelle kommen kann, diese gehört jedoch zur Familie der Doldengewächse), Blutströpfchen, Drachenblut, Kleines Blutkraut, Pimpernell,

FAMILIE: Rosengewächse, Rosaceae

MERKMALE: Der mehrjährige Kleine Wiesenknopf wird nur etwa halb so groß wie der Große Wiesenknopf. Er wird gerne als Zierpflanze angebaut, da seine zarten, grob gezahnten, unpaarig gefiederten Blätter eine schöne Rosette bilden. Die zahlreichen kugeligen, grünlich-rosa Blütenköpfchen sitzen auf einem rötlich schimmernden, aufrechten Stängel. Auf den eingeschlechtlichen Blütenköpfen sind weibliche, männliche und zwittrige Blüten, die, beginnend mit den weiblichen Blüten, unterschiedlich blühen. Bereits beim Ernten der Blätter wird der intensive Gurkenduft deutlich.

BLÜTEZEIT: Mai bis August.

MÖGLICHE VERWECHSLUNG: Mit dem Großen Wiesenknopf, der gleich verwendbar ist und mit der Bibernelle (s. o.).

INHALTSSTOFFE: Ätherische Öle, Flavonoide, Gerbstoffe, Mineralien, Saponine, Vitamin C.

HEILWIRKUNG: In der Volksmedizin wurden das Kraut und die Wurzel vor allem bei Durchfall, zur Blutstillung (»Sanguis« heißt Blut, »sorbere« aufsaugen) und bei Entzündungen angewandt. Durch den hohen Gerbstoffgehalt wirkt der Wiesenknopf stopfend, zusammenziehend, schmerzlindernd und entzündungshemmend.

STANDORT: Da er ursprünglich aus dem Mittelmeergebiet kommt, wächst er auf sonnigen Magerwiesen, Wegrainen und Böschungen oder wird gezielt auf Kräuterspiralen und in Bauerngärten angebaut.

VERWENDETE PFLANZENTEILE: Blätter, Blütenspitzen und Blüten für Salate, Presssaft, Getränke, Marinaden, Gemüse, Suppen, Kräuterbutter, Tee, als essbare Dekoration. Möglichst roh anrichten, damit der würzige Duft nicht verloren geht.
Da der kleine Wiesenknopf sehr zeitig im Frühjahr geerntet werden kann, wird er gerne als Petersilienersatz zum Würzen verwendet.

GESCHICHTEN: Es heißt, der Kleine Wiesenknopf wurde von den Aussiedlern ins ferne Amerika mitgenommen, damit ein trauriges Herz wieder froh und der Wein bekömmlich werde.

KLETTEN-LABKRAUT

Galium aparine

Klebriges Labkraut, Klimmendes Labkraut

FAMILIE: Rötegewächse, Rubiaceae

MERKMALE: Beim Berühren des Kletten-Labkrauts versteht man sofort seinen Namen. Es fühlt sich hart und klebrig an. Auch bleibt es sofort an der Kleidung hängen. Diese klettenartigen Widerhaken befinden sich auf allen Pflanzenteilen. Mit dieser Eigenschaft erklimmt es während des Wachsens Zäune und andere höhere Pflanzen. Bei allen Labkräutern sind die Blätter quirlständig am Stängel angeordnet. Die Einzelblätter sind schmal lanzettlich und spitz. Die Blüten der einjährigen Pflanze sind weiß und unscheinbar.

BLÜTEZEIT: Juni bis August.

MÖGLICHE VERWECHSLUNG: Mit anderen Labkräutern, die jedoch nicht kleben.

INHALTSSTOFFE: Ätherische Öle, Cumarine, Gerbstoffe, Glykoside, Saponine, Spurenelemente.

HEILWIRKUNG: In der Volksmedizin wird das Kletten-Labkraut als harntreibend und als Reinigungsmittel für den Körper angesehen. Es wird zur Stärkung des Lymphsystems, zur Harnausscheidung und bei Hautproblemen verwendet.

STANDORT: An Waldrändern, Hecken, in Äckern, Gärten, auf Schuttplätzen und im Uferbereich.

VERWENDETE PFLANZENTEILE: Junge Triebe und Blätter in Presssäften, zu Gemüse, in Brot, Teigfüllungen und Tee. Die Blüten als essbare Dekoration. Wegen der rauen Oberfläche ist das Kletten-Labkraut nicht gut für Salat geeignet.

KNOBLAUCHSRAUKE

Alliaria petiolata

Knoblauchshederich, Lauchhederich, Lauchkraut, Waldknoblauch

FAMILIE: Kreuzblütler, Brassicaceae

MERKMALE: Die Knoblauchsrauke ist eine zweijährige Pflanze mit einem kräftigen, aufrechten Stiel, an dem die Blätter unterschiedlich wachsen. Im unteren Bereich sind sie groß und nierenförmig, im oberen herzförmig spitz. Beim Zerreiben riechen sie aromatisch nach Knoblauch. Die weißen, zierlichen Kreuzblüten bringen schmale, vierkantige Schoten mit winzigen, schwarzen, scharfen Samen hervor. Mit diesen kann die Knoblauchsrauke leicht im Garten herangezogen werden.

BLÜTEZEIT: Mai bis Juli

MÖGLICHE VERWECHSLUNG: Mit Scharbockskraut, Gundermann, Brennnessel und Echter Nelkenwurz, die auch alle essbar sind.

INHALTSSTOFFE: Ätherische Öle, Mineralstoffe, Saponine, Senfölglykoside, Vitamine.

HEILWIRKUNG: In der Volksmedizin wird sie eingesetzt bei Asthma, Gicht, Verdauungsstörungen und Wurmbefall. Sie wirkt harntreibend, schleimlösend, blutreinigend, wundheilend und desinfizierend.

STANDORT: An Waldrändern, Lichtungen, Hecken und Gebüschen, im Halbschatten und in naturbelassenen Gärten.

VERWENDETE PFLANZENTEILE: Blätter, Blüten und Samen als essbare Dekoration, Gewürz, zu Salaten, Suppen, Soßen, Kräuterbutter, Kräuterfüllungen und zu Senf.

KÖNIGSKERZE

Verbascum densiflorum

Blitzkerze, Fackelblume, Frauenkerze, Wetterkerze, Wollkraut

FAMILIE: Braunwurzgewächse, Scrophulariaceae

MERKMALE: Die Königskerze hält, was sie mit ihrem Namen verspricht. Königlich und kerzengerade zeigt sich die zweijährige Pflanze im zweiten Jahr mit vielen gelben, wohlriechenden Blüten. Diese sitzen dichtgedrängt im oberen Teil entlang der »Kerze«. Im ersten Jahr erscheint nur eine großblättrige Rosette am Boden. Die großen, filzig lanzettlichen Blätter wachsen im zweiten Jahr wechselständig am runden Stängel.

BLÜTEZEIT: Juli bis September.

MÖGLICHE VERWECHSLUNG: Mit anderen dieser Art, sie sind auch verwendbar.

INHALTSSTOFFE: Ätherische Öle, Bitterstoffe, Flavonoide, Gerbstoffe, Saponine, Schleimstoffe, Vitamine.

HEILWIRKUNG: Die Königskerze gilt als blutreinigend, harntreibend, entzündungshemmend und beruhigend. Sie wird in der Volksmedizin bei Husten, Erkältungskrankheiten, Magen- und Verdauungsproblemen und auch bei Haut- und Augenentzündungen empfohlen.

STANDORT: An sonnigen Waldrändern, Gärten, auf Schuttplätzen und an Wegrändern.

VERWENDETE PFLANZENTEILE: Frische Blätter und Blüten in Teemischungen und für Umschläge.

KORNBLUME
Centaurea cyanus

Hungerblume, Kornnelke, Kornflockenblume, Zachariasblume,

FAMILIE: Korbblütler, Asteraceae

MERKMALE: Die leuchtend hellblaue Kornblume konnte früher reichlich in Getreidefeldern bewundert werden. Auf ökologisch bewirtschafteten Feldern kann man sie manchmal noch sehen. Da die Kornblume sehr selten geworden ist, gehört sie zu den geschützten Pflanzen, die in der Natur nicht gesammelt werden dürfen. Schmale lanzettliche Blätter wachsen am kantigen, aufrechten Stängel der behaarten Pflanze.

BLÜTEZEIT: Juni bis September.

MÖGLICHE VERWECHSLUNG: Mit der Flockenblume, die zur gleichen Familie gehört.

INHALTSSTOFFE: Bitterstoffe, Blütenfarbstoff, Gerbstoffe, Glykoside, Schleimstoffe.

HEILWIRKUNG: In der Volksmedizin wird die Kornblume als harntreibend und blutreinigend beschrieben. Ihre Anwendung findet sie bei Blasen- und Nierenleiden, bei Augenkrankheiten und zur Anregung des Stoffwechsels.

STANDORT: In Getreidefeldern, auf Schuttplätzen und in Gärten.

VERWENDETE PFLANZENTEILE: Die Blüten als essbare Dekoration, in Salaten und Teemischungen. Da die Kornblumen geschützt sind, ist es sinnvoll, sie im eigenen Garten anzubauen. So haben sie auch Gelegenheit, sich wieder in der freien Natur anzusiedeln. Im Schatten getrocknet, bleibt die blaue Farbe der zarten Blütenblätter erhalten.

KORNELKIRSCHE
Cornus mas

Dirndlstrauch, Durlitze, Herlitze, Pfeifenstrauch

FAMILIE: Hartriegelgewächse, Cornaceae

MERKMALE: Bereits im zeitigen Frühjahr strahlt die Kornelkirsche mit ihren hellgelben Blüten gut sichtbar aus dem Gebüsch hervor. Die kleinen, nach Honig duftenden Blüten erscheinen noch vor den Blättern. Sie sind einer der ersten Pollenspender für die Bienen. Die jungen Triebe am verzweigten Strauch oder kleinen Baum sind noch grün, später wird die Rinde braun und schuppig. Bei den eiförmigen spitzen, ganzrandigen Blättern treten die Blattrippen deutlich hervor. Wenn die wohlschmeckenden länglichen, dunkelroten Kirschfrüchte alleine vom Strauch fallen, dann ist der beste Zeitpunkt für die Ernte gekommen.

BLÜTEZEIT: Februar bis April

FRÜCHTE: August bis Oktober.

MÖGLICHE VERWECHSLUNG: Mit anderen Arten der Hartriegelgewächse. Blüten und die Frucht helfen, sie zu erkennen.

INHALTSSTOFFE: Flavonoide, Gerbstoffe, Mineralien, organische Säuren, Vitamine.

HEILWIRKUNG: Bereits seit Hildegard von Bingen wird in der Volksmedizin der Kornelkirsche besonders die entzündungshemmende, fiebersenkende und kräftigende Wirkung zugeschrieben.

STANDORT: In Hecken und Gebüschen, an Waldrändern und in Gärten.

VERWENDETE PFLANZENTEILE: Die Blüten und Blätter in Tee. Die Früchte in Obstsalat, Kuchen, Marmelade, Getränke, Likör, Wein, Essig und in Öl.

KRIECHENDER GÜNSEL

Ajuga reptans

Günsel, Kriechgünsel, Kuckucksblume

FAMILIE: Lippenblütler, Lamiaceae

MERKMALE: Blaue Lippenblüten wachsen ährenartig am vierkantigen, aufrechten Stängel. Oberirdische Ausläufer kriechen über die Wiese, um neue Wurzeln zu schlagen. Im Laufe des Sommers entsteht so ein blühender Teppich mit kleinen blauen »Bäumchen«. Die lang gestielten, spateligen Grundblätter wachsen am Boden als Rosette. Dazwischen erscheint der behaarte Stängel, an dem sich kreuzgegenständig sitzende Blätter bilden. Roh schmeckt er sehr bitter.

BLÜTEZEIT: Mai bis August.

MÖGLICHE VERWECHSLUNG: Mit dem Wiesensalbei und der Kleinen Braunelle, die auch verwendet werden können.

INHALTSSTOFFE: Ätherische Öle, Bitterstoffe, Gerbstoffe, Glykoside, Saponine.

HEILWIRKUNG: Der Kriechende Günsel wird als entzündungshemmend, beruhigend und schmerzstillend angesehen. Dadurch wird er in der Volksmedizin bei Magen- und Schlafproblemen, Verdauungsstörungen und äußerlich bei Wunden eingesetzt. Auch als Gurgelwasser ist er bekannt.

STANDORT: Auf Wiesen, Böschungen, an Wegrändern, Waldlichtungen und Waldrändern.

VERWENDETE PFLANZENTEILE: Blätter und Blüten als Würze für Salate, Suppen, Kartoffelgerichte, Gemüse, als essbare Deko ration und als Tee.

LINDE

Sommerlinde (Tilia platyphyllos)
Winterlinde (Tilia cordata)

Bastbaum, Bastholz

FAMILIE: Malvengewächse, Malvaceae

MERKMALE: Sommerlinde und Winterlinde sind auf dem ersten Blick schwer zu unterscheiden. Beide haben herzförmige spitze Blätter mit gezacktem Rand. Die Blätter der Sommerlinde werden allerdings größer und auf der Blattunterseite sind helle Härchen, bei der Winterlinde dunklere. Winterlinden blühen etwas später, aber reichhaltiger. Der süße Duft von Lindenblüten betört nicht nur die Bienen. Um sich herum bekommt sie oft kleine Lindenbaumableger. Junge Lindenblätter schmecken zart und mild, die Blüten honigsüß.

BLÜTEZEIT: Juni bis Juli.

MÖGLICHE VERWECHSLUNG: Mit anderen Lindenbäumen.

INHALTSSTOFFE: Ätherische Öle, Flavonoide, Gerbstoffe, Schleimstoffe.

HEILWIRKUNG: Bei Linden ist die schweißtreibende, hustenlindernde und krampflösende Wirkung bekannt. Sie wird in der Volksmedizin bei Husten und grippalen Infekten angewandt.

STANDORT: In Laubmischwäldern, Parks, Gärten, Schlucht- und Hangwäldern.

VERWENDETE PFLANZENTEILE: Blätter und Blüten als essbare Dekoration, in Salate, Suppen, Nudelgerichte, Omelett, Likör, als Brotbelag und Tee. Die Blüten auch in Süßspeisen. Der Lindenblütenhonig ist durch sein besonderes Aroma eine große Bereicherung.

LÖWENZAHN
Taraxacum officinale

Augenmilch, Bettpisser, Brunzer, Butterblume, Eierblume, Kettenblume, Kuhblume, Lichterblume, Märzenbusch, Milchkraut, Mönchskopf, Pusteblume, Saubleame, Schmalzblümlein, Sonnenwirbel

FAMILIE: Korbblütler, Asteraceae

MERKMALE: Die spitzen, vielgestaltigen, gezähnten Blätter des ausdauernden, anpassungsfähigen Löwenzahns bilden eine Grundrosette. Weißer Milchsaft, der aus der ganzen Pflanze tropft, hinterlässt auf Haut und Kleidung braune

Flecken. Der hohle, unverzweigte Stängel trägt eine leuchtend goldgelbe Blüte, aus der die Pusteblume mit ihren feinen, seidigen Härchen entsteht. Bei Wind können sie mehrere Kilometer fliegen. Seine kräftige, tiefe Pfahlwurzel enthält im Herbst besonders viel Inulin, im Frühjahr weniger, dafür mehr Bitterstoffe.

BLÜTEZEIT: März bis Juni.

MÖGLICHE VERWECHSLUNG: Mit dem ungiftigen Wiesenpippau.

INHALTSSTOFFE: Ätherisches Öl, Bitterstoffe, Carotine, Cholin, Eisen, Flavonoide, Fructose, Gerbstoffe, Inulin, Kieselsäure, Mineralstoffe, Schleime, Spurenelemente, Vitamine.

HEILWIRKUNG: Diese wichtige Pflanze der Volksmedizin gilt als blutreinigend, harntreibend, nierenanregend und leberstärkend. Sie ist deshalb besonders geeignet für eine Frühjahrskur. Die Darmtätigkeit wird angeregt, das Wohlbefinden verbessert, der ganze Körper belebt und gestärkt. »Bringt den Stoffwechsel wieder in Fluss.«

STANDORT: Auf Wiesen, in Gärten und zwischen Pflastersteinen.

VERWENDETE PFLANZENTEILE: Blätter, Blüten und Wurzeln zu Salaten, Suppen, Gemüse, Likören, Tee, Presssäften, als Kaffeeersatz, essbare Dekoration, zu Gelees und zu Süßspeisen.

GESCHICHTEN: Aus Löwenzahnstängeln können Kinder wunderschöne Löckchen zaubern. Man reißt die Stängel oben und unten ein und legt sie ins Wasser.
Auch die Bienen besuchen die nektarreichen Pflanzen gern. Für den Imker ist es Zeit, im Bienenvolk Platz für Honigraum zu schaffen.
Man meint, es wäre ein und dieselbe Pflanze, wenn man eine goldgelb leuchtende Löwenzahnwiese sieht. Aber der Eindruck täuscht. Jedes Blatt hat zwar zahnähnliche Einkerbungen, ist aber von Pflanze zu Pflanze unterschiedlich.

LUNGENKRAUT
Pulmonaria officinalis

Echtes Lungenkraut, Brüderchen und Schwesterchen, Fleckenkraut, Gebräuchliches Lungenkraut, Hänsel und Gretel, Honigblume

FAMILIE: Raublattgewächse, Boraginaceae

MERKMALE: Sobald im Frühling der Boden aufgetaut ist, erscheinen die ersten raubehaarten Triebe mit eiförmigen, länglichen, gefleckten Blättern. Die roten und violetten Blüten sehen trichterförmig aus, ähnlich wie die Schlüsselblumen, die zur gleichen Zeit vorhanden sind. Im Laufe der Blütezeit verändert die Blüte des Lungenkrauts ihre Farbe von Rot in Violett, ein Anzeichen dafür, dass sich der pH-Wert ins Alkalische verändert hat.

BLÜTEZEIT: März bis Mai.

MÖGLICHE VERWECHSLUNG: Es gibt verschiedene ähnliche Arten.

INHALTSSTOFFE: Allantoin, Flavonoide, Gerbstoffe, Mineralstoffe, Pyrrolizidinalkaloide, Schleimstoffe, Vitamine.

HEILWIRKUNG: In der Volksmedizin wird das Lungenkraut bei Husten, Halsschmerzen und Blasenleiden genutzt, weil es als auswurffördernd, reizlindernd und wundheilend gilt. Nach der Signaturlehre schloss man aufgrund der gefleckten Blätter auf eine heilende Wirkung für die Lunge.

STANDORT: In Laubmischwäldern, Schlucht- und Hangwäldern, in Parks und unter Gebüschen.

VERWENDETE PFLANZENTEILE: Blätter und Blüten sparsam in Salate, als essbare Dekoration und Tee. Die Blätter auch in Gemüsegerichte und Suppen.

MARGERITE

Leucanthemum vulgare

Gemeine Wucherblume, Orakelblume, Weiße Wucherblume, Wiesen-Margerite

FAMILIE: Korbblütler, Asteraceae

MERKMALE: Wohl fast jeder kennt die weiß blühende, mehrjährige Margerite mit ihrem langen, nicht verzweigten Stiel. Wer hat sie nicht für einen Blumenstrauß gepflückt oder die Zungenblüten einzeln als Orakel abgezupft? Weiße lange Zungenblüten und gelbe Röhrenblüten bilden die großen Blütenköpfe. Dabei dienen die leuchtenden Zungenblüten nur als Lockmittel für Insekten. Die unscheinbaren, spatelförmigen Blätter sind am Rand gezähnt und wachsen wechselständig am aufrechten Stängel. Sie sind sehr schmackhaft.

BLÜTEZEIT: Mai bis Oktober.

MÖGLICHE VERWECHSLUNG: Ohne Blüten mit dem Jacobs-Greiskraut. Daher sollte man zum Kennenlernen die Blüte abwarten, denn das Jacobs-Greiskraut ist giftig.

INHALTSSTOFFE: Ätherische Öle, Harze, Tannine.

HEILWIRKUNG: In der Volksmedizin ist bekannt, dass die Margerite zusammenziehend und hustenstillend wirkt. Sie wird wenig eingesetzt. Genutzt wird sie als Tee bei Husten und zur Entkrampfung.

STANDORT: Auf Wiesen, Böschungen, Vorgärten und Wegrändern.

VERWENDETE PFLANZENTEILE: Blätter und Blüten in Salate, als essbare Dekoration, in Gemüse, Aufstrichen, Suppen und Tee.

MISPEL

Mespilus germanica

Asperl, Eschperl, Deutsche Mispel, Dorrlitzen, Hundsärsch

FAMILIE: Rosengewächse, Rosaceae

MERKMALE: Die aus dem Mittelalter stammende Mispel bringt apfelähnliche, braune Früchte hervor. Wie kleine kugelige Holzäpfel sehen sie aus und fühlen sich hart an. Erst nach Frostnächten werden sie erntereif und genießbar. Zur Zeit der Apfelblüte bekommt die selten gewordene Mispel große weiße Blüten. Ihre eiförmigen bis länglich ovalen, spitzen Blätter sind wechselständig angeordnet. Der sommergrüne, kleinwüchsige Mispelbaum hat einen krummen Stamm und kann über 80 Jahre alt werden. Dornen an den jungen Zweigen findet man meist nur bei der wilden Mispel.

BLÜTEZEIT: Mai bis Juni

FRUCHTERNTE: Oktober bis November.

MÖGLICHE VERWECHSLUNG: Mit anderen Obstbäumen.

INHALTSSTOFFE: Gerbstoffe, Gerbsäuren, Pektine, Vitamine.

HEILWIRKUNG: In der Volksmedizin werden die Mispel-Früchte bei Arterienverkalkung, Fieber und Verdauungsproblemen empfohlen. Sie wirken zusammenziehend, entzundungshemmend und blutreinigend.

STANDORT: In Gebüschen, Obstgärten, Streuobstwiesen, an Waldrändern und sonnigen Böschungen.

VERWENDETE PFLANZENTEILE: Die Früchte zu Mus, Marmeladen, Säften, Kompott, süß-sauer oder scharf und für Liköre.

MITTLERER WEGERICH

Plantago media

Weide-Wegerich

FAMILIE: Wegerichgewächse, Plantaginaceae

MERKMALE: Der Mittlere Wegerich unterscheidet sich vom Breit- und Spitzwegerich, den häufigsten Vertretern dieser Art, aufgrund seiner zartduftenden, weiß-violetten Blüten. Verschiedene Insekten werden von diesem feinen Duft angelockt. Die Blüten sind wie Ähren angeordnet und wachsen an einem blattlosen Stängel. Die Rosettenblätter sind nicht ganz so breit wie beim Breitwegerich und nicht so schmal wie beim Spitzwegerich. Sie sind eiförmig bis elliptisch, ganzrandig und leicht behaart. Die länglichen Nervenbahnen der Wegeriche sind ein weiteres gut sichtbares Merkmal. Auch der Geschmack nach Pilzen ist erkennbar.

BLÜTEZEIT: Mai bis Juli.

MÖGLICHE VERWECHSLUNG: Mit dem Spitz- oder Breitwegerich, die auch verwendet werden können.

INHALTSSTOFFE: Aucubin, Bitterstoffe, Gerbstoffe, Schleimstoffe, Mineralstoffe, Vitamine.

HEILWIRKUNG: Der Mittlere Wegerich ist ähnlich wirksam wie der Spitz- und Breitwegerich. Die größte Heilkraft wird dem Spitzwegerich zugeschrieben.

STANDORT: In Wiesen, Weiden, Böschungen, Halbtrockenrasen und in Weinbergen.

VERWENDETE PFLANZENTEILE: Die jungen Blätter und Blütenstände in Salat, Gemüse, zu Pilzgerichten, Blattrouladen, in Brot, Soßen, Kuchen und als Tee.

PERSISCHER EHRENPREIS

Veronica persica

Wetterblümchen, Ehrenpreis, Männertreu

FAMILIE: Wegerichgewächse, Plantaginaceae

MERKMALE: Die zarten, hellblau-lila farbigen Blüten sind nur bei schönem Wetter geöffnet. Der vielblühende Ehrenpreis breitet sich großflächig am Boden aus. Obwohl die kräftigen, behaarten Stängel der Ausläufer Bodenkontakt haben, wurzeln sie nicht. Gekerbte, herzförmige Blätter dieser krautigen Pflanze sind fast das ganze Jahr sichtbar.

BLÜTEZEIT: März bis Dezember.

MÖGLICHE VERWECHSLUNG: Mit dem Gamander-Ehrenpreis, der genauso verwendet werden kann.

INHALTSSTOFFE: Ätherische Öle, Bitterstoffe, Gerbstoffe, Glykoside, Saponine.

HEILWIRKUNG: In der Volksheilkunde wird er als blutreinigend, verdauungsfördernd und stoffwechselanregend beschrieben. So wird er bei Hautkrankheiten, Erkältungen und Verdauungsproblemen eingesetzt.

STANDORT: Als typisches Ackerunkraut auf Feldern, Wiesen und Gärten.

VERWENDETE PFLANZENTEILE: Frische Blätter als Zugabe in Salat, Gemüse, Aufstrichen, Tee. Blüten als essbare Dekoration.

GESCHICHTEN: Aus dem Kaukasus eingewandert, wurde der Ehrenpreis bis ins 19. Jahrhundert in Botanischen Gärten angebaut. Bald erfreute er sich immer größerer Beliebtheit bei Gartenbesitzern und kam damit auch in die freie Natur.

Bei uns hieß es: »*Bei Schönwetter kein Wetterblümchen pflücken, sonst kommt Regen*«.

PFENNIGKRAUT
Lysimachia nummularia

Hellerkraut, Münzkraut, Kränzelkraut, Pfennig-Gilbweiderich

FAMILIE: Primelgewächse, Primulaceae

MERKMALE: Wie ein »Bodendecker«, ganz nah und flach am Boden kriechend, wächst das Pfennigkraut mit seinen fünfzähligen, zitronengelben Blüten. Durch das erneute Wurzeln der langen Ausläufer bilden sich weitere Pflanzen. Kleine, eiförmige bis rundliche, ganzrandige Blätter sitzen gegenüber an den vierkantigen Stängeln. Die Form der Blätter gab der Pflanze den Namen »Münzkraut«. Die frischen Blätter schmecken leicht säuerlich bis bitter.

BLÜTEZEIT: Juni bis Juli.

MÖGLICHE VERWECHSLUNG: Mit dem Hain-Gilbweiderich. Dieser hat eiförmige, längliche, spitze Blätter und kann auch verwendet werden.

INHALTSSTOFFE: Flavonoide, Gerbstoffe, Kieselsäure, Saponine.

HEILWIRKUNG: In der Volksmedizin wird das Pfennigkraut bei Husten, Rheuma, Durchfall und äußerlich bei Wunden verwendet. Es wird als zusammenziehend, heilungsfördernd und wundheilend beschrieben.

STANDORT: Im Uferbereich, auf feuchten Wiesen, Äckern und in Gärten, Gräben und im Wald.

VERWENDETE PFLANZENTEILE: Blätter und Blüten in Salate, als essbare Dekoration, in Kräutersalz und Tee. Das Pfennigkraut kann fast das ganze Jahr gesammelt werden. In den Kindertagen verwendeten wir die langen blütenreichen Ausläufer als Kranzgebinde fürs Haar.

QUENDEL
Thymus pulegioides

Feldthymian, Immenkraut, Wilder Thymian, Wilder Zimt

FAMILIE: Lippenblütler, Lamiaceae

MERKMALE: Alleine beim Berühren des Polsters aus blühenden Quendelpflanzen wird ein stark aromatischer Duft nach Thymian frei. Zu diesem wichtigen Merkmal kommen weitere hinzu. Kleine rosarote Lippenblüten stehen dicht in kugeligen Blütenständen am Ende der kantigen, holzigen Stängel oder in den Blattachseln. Auch die winzigen, eiförmig glattrandigen Blätter duften zitronenartig aromatisch. Das »Immenkraut« ist eine sehr beliebte Bienenweide.

BLÜTEZEIT: Mai bis Oktober.

MÖGLICHE VERWECHSLUNG: Mit anderen Lippenblütlern, die jedoch nicht nach Thymian duften.

INHALTSSTOFFE: Ätherischer Öle (besonders Thymol), Bitterstoffe, Flavonoide, Gerbstoffe.

HEILWIRKUNG: Der Quendel wirkt antibakteriell, schleimlösend, krampflösend und beruhigend. In der Volksmedizin werden verschiedene Hustenformen, Magen- und Darmprobleme und Einschlafstörungen damit behandelt.

STANDORT. An sonnigen Böschungen, auf felsigen Böden, trockenen Wegrändern und Ameisenhaufen.

VERWENDETE PFLANZENTEILE: Blätter als Würzkraut in Salate, Gemüse, Nudelgerichte, Likör, Öl, Kräuterbutter und Blüten als essbare Dekoration. Getrocknete Blätter in Kräutersalz, Tee und auch als Badezusatz.

ROTBUCHE
Fagus sylvatica

Gewöhnliche Buche, Buche

FAMILIE: Buchengewächse, Fagaceae

MERKMALE: Der aufrechte, kräftige und lange Stamm mit seiner grauen, glatten Rinde führt gerade hoch zur vielblättrigen Krone. Durch den dichten Wuchs der glänzenden, ganzrandigen, eiförmigen Blätter, die anscheinend alle die Sonne suchen, können im Unterholz der Rotbuche nur Frühlingsblüher wachsen. Erst im Alter von etwa 50 Jahren trägt die Buche die ersten Früchte, die Bucheckern, und auch dann nicht jedes Jahr. Unscheinbare Blüten werden zu stacheligen, sogenannten Fruchtbechern, aus denen im Herbst zwei rotbraune, dreikantige Bucheckern (Samen) hervorspringen. Sie schmecken lecker nach Nüssen. Den Namen Rotbuche hat sie von ihrem frischen rötlichen Holz.

BLÜTEZEIT: April bis Mai

FRÜCHTE: September bis Oktober.

MÖGLICHE VERWECHSLUNG: Mit der Hainbuche, deren Blattränder gesägt sind und deren Blätter bitter schmecken.

INHALTSSTOFFE: Eiweiß, Fagin, fettes Öl, Gerbstoffe, Glykoside, Saponine, Vitamine.

HEILWIRKUNG: In der Volksmedizin gilt sie als entzündungshemmend, desinfizierend und wird bei Atemwegserkrankungen und Hauterkrankungen angewandt. Die Bucheckern enthalten Fagin, deshalb sollten rohe Früchte nicht in großen Mengen gegessen werden. Es können Bauchschmerzen und andere gesundheitliche Probleme auftreten. Bei Erhitzung bauen sich diese schädlichen Stoffe ab.

STANDORT: In Laubmisch- und Buchenwäldern, Parks und großen Gärten, als Waldgrenze.

VERWENDETE PFLANZENTEILE: Junge Blätter in Salat, als essbare Dekoration, gepresster

Saft, Brotbelag, Tee, in Gemüsegerichten, Likören und Kräuterbutter. Bucheckern in Kuchen oder geröstet zum Knabbern.

GESCHICHTEN: Buchen können unter guten Bedingungen 300 Jahre alt werden. Ihr Stamm bekommt dabei einen Durchmesser von fast einem Meter. Sie liefert wertvolles Holz für Böden, Möbel, Furniere usw. Das Holz gilt als lange haltbar.
Der Spruch »Buchen sollst du suchen, Eichen sollst du weichen!« bei aufkommenden Gewittern stimmt leider nicht. Ihre große Bedeutung sehen wir am Wort Buch oder Buchstaben. Unsere ersten »Buchstaben« waren »Tafeln« aus Buchenholz, auf denen Nachrichten übermittelt wurden. Und selbst die Runen, die noch älter sind, bestanden aus Buchenholz. Unsere jetzigen Bücher haben also ihren Ursprung bei der Buche.

SAUERAMPFER
Rumex acetosa

Gugeruz, Ochsenzunge, Roter Heinrich, Roter Ritter, Sauerknöterich, Sauerwein, Schneiderkas

FAMILIE: Knöterichgewächse, Polygonaceae

MERKMALE: Am aufrechten Stängel sitzen lanzettliche bis pfeilförmige, ganzrandige Blätter. Der saure Geschmack gibt diesem Ampfer seinen Namen. Unscheinbare grüne, zum Teil rötliche Blüten entwickeln sich zu rostroten Rispen.

BLÜTEZEIT: April bis Mai.

MÖGLICHE VERWECHSLUNG: Mit breitblättrigem oder krausem Ampfer, mit dem Kleinen Sauerampfer, dem Wiesenknöterich und mit dem giftigen Aronstab vor der Blüte (Vorsicht!). Dieser hat jedoch langestielte Blätter.

INHALTSSTOFFE: Bitterstoffe, Flavonoide, Mineralien, Oxalsäure, Vitamine.

HEILWIRKUNG: In der Volksmedizin wird der Sauerampfer bei der Frühjahrskur zur »Entschlackung« und zur Stärkung der Abwehrkräfte eingesetzt. Man schreibt ihm blutreinigende, harntreibende, gallenreinigende und steintreibende Kräfte zu.

STANDORT: Auf Wiesen, Weiden und an Wegrändern.

VERWENDETE PFLANZENTEILE: Blätter und junge Blüten zu Salaten, Suppen, Gemüse, Soßen, Omeletts, Kräuterbutter, Tee (in Maßen genießen wegen des hohen Oxalsäuregehalts).

GESCHICHTEN: Auf die Wiese gehen, jungen Sauerampfer pflücken und frisch probieren, war jahrhundertelang ein Erlebnis für Kinder. Es wäre schön, ihnen dies heute noch nahezubringen.

SCHAFGARBE

Achillea millefolium

Augenbraue der Venus, Bauchwehkraut, Blutstillkraut, Frauendank, Heil aller Welt, Jungfernkraut, Margarethenkraut, Mausleiterl, Soldatenkraut, Tausendblatt, Zimmermannskraut

FAMILIE: Korbblütler, Asteraceae

MERKMALE: Die feinen gefiederten Blätter, einer Augenbraue ähnlich, entwickeln beim Zerreiben einen herbwürzigen Geruch und sind mit winzigen Stachelborsten abgeschlossen. Wir spüren die Borsten ganz deutlich, wenn wir mit dem federweichen Blatt über die Lippen streichen. Der markige, reißfeste Stängel lässt sich schwer abbrechen, und es besteht die Gefahr, den gesamten Wurzelstock mit auszureißen. Die Blütenstände im oberen Teil des Stängels sind mit kleinen Körbchen bestückt, weiß bis rosa.

BLÜTEZEIT: Mai bis Oktober.

MÖGLICHE VERWECHSLUNG: Mit der Sumpfgarbe. Hier sind die Körbchen größer, aber weniger zahlreich.

INHALTSSTOFFE: Ätherisches Öl, Bitterstoffe, Flavonoide, Gerbstoffe, Mineralien, Schleimstoffe, Vitamine.

HEILWIRKUNG: Sie wird als blutstillend, krampflösend, zusammenziehend, antibakteriell, entzündungshemmend und verdauungsfördernd beschrieben. In der Volksmedizin wird sie auch zur Linderung von Wadenkrämpfen, krampfartigen Beschwerden im Magen-Darm-Bereich, bei Blutarmut, Menstruationsbeschwerden, Hämorrhoiden, zur Wundheilung und gegen Würmer verwendet.

STANDORT: Auf sonnigen Wiesen, Weg- und Feldrändern. Die Schafgarbe ist sehr genügsam.

VERWENDETE PFLANZENTEILE: Frische, junge Schafgarbenblätter passen als »pfeffriges« Würzkraut zu Kräutersalz, Kräuterbutter, Suppen, Salat, Omelett, Eintöpfen usw. Das blühende Kraut für Tee, Umschläge, Sitzbäder, Salben und zum Färben.

GESCHICHTEN: Die Mädchen legten sich die Blüten unter das Kissen, damit ihr Liebster ihnen im Traum erschiene.
Die griechische Sage berichtet, dass Achilles die Verletzung durch einen Pfeil an der Achillessehne mit Schafgarbe behandelte, wie es ihm die Göttin Venus geraten hatte.
An Mariä Himmelfahrt, am 15. August, findet jedes Jahr die Kräuterweihe statt.

Dabei werden mit verschiedenen Kräutern Buschen gebunden. Als Regel gilt, drei oder sieben Kräuter oder jeweils ein Vielfaches davon zu verwenden. Zu den Kräuterbuschen gehört unbedingt die Schafgarbe als wichtiges Frauenkraut zu Ehren der Hl. Maria.

SCHARBOCKSKRAUT

Ranunculus ficaria

Butterblume, Feigwurz, Frühsalat, Gichtblatt, Glitzerli, Schmalzblatt, Spiegelblume, Sternli

FAMILIE: Hahnenfußgewächse, Ranunculaceae

MERKMALE: Mit seinen saftigen, herz- bis nierenförmigen Blättern bildet das Scharbockskraut sehr bald im Frühling einen stark glänzenden Bodendecker mit dottergelben, sternförmigen Blüten. In den Blattachseln wachsen zur Fortpflanzung kleine Brutknospen und unterirdisch winzige Wurzelknollen. Im fortgeschrittenen Frühling welkt die ganze Pflanze, und der Bodendecker verschwindet wieder von allein.

MÖGLICHE VERWECHSLUNG: Die Blätter des Scharbockskrauts mit den Blättern von Gundermann, Knoblauchsrauke und Veilchen, die auch verwendet werden können.

INHALTSSTOFFE: Ätherische Öle, Gerbstoffe, Mineralstoffe, Saponine, Vitamin C.

HEILWIRKUNG: Die Pflanze gilt in der Volksmedizin als blutreinigend und vitaminspendend. Scharbockskraut wird bei Frühjahrskuren, Hämorrhoiden und auch bei Hautunreinheiten verwendet.

STANDORT: Feuchte Laubwälder, Auwälder, Obstgärten, Gebüsche, Wiesen und neben Bächen.

VERWENDETE PFLANZENTEILE: Blätter und Blütenknospen in kleinen Mengen zu Salat, Frischkäse, als essbare Dekoration, Tee und Sitzbad. Verwendung nur vor der Blüte! Danach entwickeln sich giftige Stoffe.

SCHLANGEN-KNÖTERICH

Polygonum bistorta

Schlangenwurz, Wiesen-Knöterich, Zahnbürstl

FAMILIE: Knöterichgewächse, Polygonaceae

MERKMALE: Im Sommer sind die rosa Blütenstände, die »Zahnbürstl« wegen ihres dichten Wuchses von weitem gut sichtbar. Der Schlangen-Knöterich wächst großflächig auf feuchten Wiesen und neben nassen Gräben. Mit ihren langen Scheinähren ragen sie am aufrechten, nicht verzweigten Stängel über das Gras hinaus. Länglich eiförmige, spitze Blätter erscheinen vor den Blüten. In der Mitte des langstieligen Blattes ist der Mittelnerv deutlich sichtbar. Die am Rand manchmal welligen Stängelblätter haben einen kurzen Stiel. Die Blätter schmecken säuerlich erfrischend. Ab dem Spätherbst können die kräftigen Wurzeln, die sogenannten Rhizome, auch als Gemüse verwendet werden.

BLÜTEZEIT: Mai bis August.

MÖGLICHE VERWECHSLUNG: Mit anderen Knöterichgewächsen.

INHALTSSTOFFE: Eiweiß, Gerbstoffe, Oxalsäure, Stärke, Vitamine.

HEILWIRKUNG: Durch den hohen Gerbstoffgehalt wirkt der Schlangen-Knöterich zusammenziehend. Er wird in der Volksmedizin bei Verdauungsproblemen, für Mundspülungen bei Hals- und Rachenentzündungen, aber auch äußerlich bei Wunden genutzt.

STANDORT: An Bachrändern, in feuchten Wiesen, Auenwäldern.

VERWENDETE PFLANZENTEILE: Blätter für Salate, Gemüsegerichte, Suppen, Tee. Samen als rohe Knabberei und zum Keimen.

SCHLEHE (SCHLEHDORN)

Prunus spinosa

Bockbeerli, Dornschlehe, Haferpflaume, Hagedorn, Sauerpflaume, Schwarzdorn

FAMILIE: Rosengewächse, Rosaceae

MERKMALE: Während im Frühjahr auf den Wiesen erstes Grün entsteht, beginnt der dornige und mit schneeweißen Blüten übersäte Schlehenstrauch zu leuchten, als wäre er umhüllt. Die kleinen grünen, fein gezähnten Blätter treiben erst nach der Blüte aus. Wegen der stacheligen, knorrigen Zweige lassen sich die kugelrunden, blau bereiften Schlehen sehr schwer ernten. Damit die Schlehenfrüchte milder schmecken, sollte die Ernte bis nach den ersten Frostnächten verschoben oder die Früchte einige Zeit eingefroren werden. Roh probiert, bemerkt man ganz deutlich die Gerbstoffe.

BLÜTEZEIT: März bis April

BEERENZEIT: ab September.

MÖGLICHE VERWECHSLUNG: Mit Wildpflaumen oder Weißdorn. Der Weißdorn blüht nach dem Austreiben der grünen Blätter.

INHALTSSTOFFE: Bitterstoffe, Farbstoffe, Flavonoide, Gerbstoffe, Blausäureglykoside, Mineralstoffe, Säuren, Vitamine.

HEILWIRKUNG: In der Volksmedizin finden Blüten und Blätter als mildes Abführmit-

tel, bei Magenkrämpfen, bei Husten, zur Blutreinigung, bei Wassersucht und Hautausschlägen Verwendung. Die Früchte sind blutreinigend, harntreibend, magenstärkend und zusammenziehend.

STANDORT: In sonnigen Hecken, an Berghängen, Böschungen, Weg- und Waldrändern.

VERWENDETE PFLANZENTEILE: Die Blüten und Blätter zu Tee. Die Früchte ohne Kerne zu Mus oder Marmelade, zu Saft, Wein, Likör, Essig, Dessert und Gebäck.

GESCHICHTEN: Die kleinen weißen Blüten galten von je her als Wetterprophet: »*So viele Tage die Schlehe vor Walpurgi (1. Mai) blüht, so viele Tage vor Jakobi (25. Juli) der Schnitter zur Ernte zieht*« oder »*Ist die Schlehe weiß wie Schnee – ist's Zeit, dass man die Gerste sät*«.

Wie wichtig Hecken für unsere Landschaft, für unsere Wildtiere und uns Menschen sind, wussten schon unsere Ahnen. Unsere Vorfahren feierten Jahreskreisfeste mit Kräutern, wie den Beginn der wärmeren Jahreszeit mit der Walpurgisnacht vom 30. April zum 1. Mai. In dieser Nacht, so dachte man, sind Geister unterwegs. Deshalb wurden stachelige Schlehenzweige aufgehängt, um Haus und Stall zu schützen.

SCHMALBLÄTTRIGES WEIDENRÖSCHEN

Epilobium angustifolium

Feuerkraut, Trümmerblume, Waldweideröschen

FAMILIE: Nachtkerzengewächse, Onagraceae

MERKMALE: Wie loderndes Feuer wirken die langen purpurroten Blütenrispen der reichblühenden, fast eineinhalb Meter hohen Pflanze. Sogar der Stängel ist rot gefärbt. Nach dem Abblühen entspringt aus den Samen feine, luftige »Wolle«, die sich vom Wind tragen lasst und so für Vermehrung sorgt. Tausende Samen der beliebten Bienenweide werden so kilometerweit verbreitet. Schmal-lanzettliche, kurz gestielte Blätter wachsen am aufrechten Stängel vom Boden bis zu den Blüten. Die jungen Blätter und Knospen schmecken säuerlich bitter wie frischer Salat.

BLÜTEZEIT: Juni bis August.

MÖGLICHE VERWECHSLUNG: Mit anderen Weideröschen-Arten. Sie haben keine so auffallenden Blüten.

INHALTSSTOFFE: Flavonoide, Gerbstoffe, Schleimstoffe, Vitamine.

HEILWIRKUNG: Das Weideröschen gilt als entzündungshemmend und zusammenziehend. In der Volksmedizin wird es bei Verdauungs- und Prostataproblemen geschätzt.

STANDORT: In Waldlichtungen, neben Waldwegen, auf Schuttplätzen (Trümmerblume), in Kies- und Sandgruben und auf Bergwiesen.

VERWENDETE PFLANZENTEILE: Blätter und Triebe für Salate, Gemüsegerichte, Kräutersalz, Suppen und Tee. Die Blüten als essbare Dekoration in Salaten, Tee und die Triebe wie Spargel. Die Samenwolle kann versponnen werden.

SCHWARZER HOLUNDER

Sambucus nigra

Altholder, Elderbaum, Flieder, Holder, Holla, Holler, Hollerbusch, Hoja, Schwarzholder, Schwitztee

FAMILIE: Moschuskrautgewächse, Adoxaceae

MERKMALE: Der stark verzweigte Strauch mit seiner grauen, rissigen, warzig punktierten Rinde wurde von jeher sehr geschätzt. Die gegenständig gefiederten Blätter sind am Rand fein gesägt. Aus den weißen, doldenartigen und intensiv duftenden Blüten werden kleine, saftige und glänzend schwarze Beeren.

BLÜTEZEIT: Mai bis Juli

BEERENZEIT: ab September.

MÖGLICHE VERWECHSLUNG: Mit Traubenholunder, dessen Früchte rot sind oder mit dem giftigen Attich, dessen Dolden aufrecht stehen. Beim Schwarzen Holunder hängen die Dolden.

INHALTSSTOFFE: Ätherische Öle, Flavonide, Gerbstoffe, Glykoside, Mineralstoffe, Pflanzenschleime, organische Säuren, Vitamine.

HEILWIRKUNG: Die Blüten und Früchte sind hilfreich bei fieberhaften Erkältungskrankheiten, Husten und vorbeugend zur Stärkung der körpereigenen Abwehrkräfte. In der Volksmedizin auch bekannt als blutreinigend, leicht abführend, schweiß- und harntreibend.

STANDORT: In Gärten, Hecken, an Waldrändern, neben Scheunen und Bauernhäusern.

VERWENDETE PFLANZENTEILE: Blüten und reife Früchte zu Getränken, Wein, Likör, Tee, Essig, Chutneys, Süßspeisen, Marmelade, Soßen usw. Nur abgekochte Früchte verwenden!

GESCHICHTEN: *»Ringel, Ringel, Reiher, die Enten sind im Weiher, die Vögel sind am Hollerbusch und machen alle husch, husch, husch.«* (Kinderreim)
Der Holunder genoss seit jeher große Wertschätzung. So heißt es noch heute, dass man den Hut ziehen müsse, wenn man am Holunderbusch vorbeigeht.
»Oh, wer zählt die Wunder alle dieses Bäumchens wohl? Rinde, Beere, Blatt und Blüte, jeder Teil ist Kraft und Güte, jeder segensvoll!« (unbekannt)

Der Holunder symbolisiert Durchhaltevermögen und Überlebenswillen. Wer schon einmal die Äste stark zurückgeschnitten hat, merkt, dass der Strauch trotzdem im neuen Jahr wieder austreibt und schön und blühend wird.

»Nachbars Kinder und Nachbars Holunder bannest du nie auf die Dauer. Schließest du ihnen die Türe, oh Wunder! Klettern sie über die Mauer.« (unbekannt)

SPITZAHORN

Acer platanoides

Limboum, Leimbaum, Lenne

FAMILIE: Seifenbaumgewächse, Sapindaceae

MERKMALE: Der Spitzahorn mit seiner lichten Krone und dem schlanken Stamm ist seltener als die anderen Ahornarten. Vor dem Laubaustrieb blühen die aufrechten, hellgelben Doldentrauben, die gern von Bienen aufgesucht werden. Die fünflappigen, handformigen und gezähnten Blätter glänzen im Frühling hellgrün. Im Herbst fällt der Laubbaum durch seine leuchtend roten und orangefarbigen Blätter auf.

BLÜTEZEIT: April bis Mai.

MÖGLICHE VERWECHSLUNG: Mit anderen Ahornarten wie Feldahorn und Bergahorn.

HEILWIRKUNG: In der Volksmedizin legte man seine Blätter als kühlendes Mittel bei Fieber, Schwellungen und Insektenstichen auf.

STANDORT: In Laub- und Hangwäldern, Parks, Alleen und Grünanlagen.

VERWENDETE PFLANZENTEILE: Die jungen Blätter, Knospen und Blüten zu Salat, Gemüsegerichten und als essbare Dekoration.

In Notzeiten wurde im Frühling die Rinde des Ahornbaums angezapft, um den süßlichen Baumsaft zu gewinnen. Dieser wurde zu Sirup eingekocht. Auch heute ist dies beim Zuckerahorn in Nordamerika noch üblich. Wir dürfen dabei nicht vergessen, dass dieser Saft mit seinen Inhaltsstoffen eine wichtige Reserve für den Baum ist und er durch die Verletzung der Rinde zusätzlich geschädigt wird.

SPITZWEGERICH

Plantago lanceolata

Aderblatt, Heilwegerich, Heudieb, Heufressa, Hundsrippen, Lungenblatt, Rippenkraut, Schafzunge, Siebenrippe, Spitzfederich, Sohlenkraut

FAMILIE: Wegerichgewächse, Plantaginaceae

MERKMALE: Er bringt spitze, schmale, lanzettliche und grundständige Blätter mit fünf deutlich erkennbaren länglichen Nervenbahnen hervor. Bräunlich blühende, kolbenartige Ähren strecken sich am Ende der blattlosen Stängel über die Blätter hinaus. Jung schmecken sie nach frischen Pilzen. Im reifen Zustand werden die Ähren von winzigen weißen Staubgefäßen umringt.

BLÜTEZEIT: Mai bis September.

MÖGLICHE VERWECHSLUNG: Mit dem Mittleren Wegerich, dessen Blätter etwas breiter sind oder mit dem Breitwegerich, der zähere und noch breitere Blätter hat.

INHALTSSTOFFE: Bitterstoffe, Flavonoide, Gerbstoffe, Glykosid Aucubin, Kieselsäure, Mineralstoffe, Schleimstoffe, Vitamine.

HEILWIRKUNG: Er gilt in der Volksmedizin als schleimlösend, blutreinigend, antibiotisch, zusammenziehend und wundheilend. »Zur Reizlinderung bei Katarrhen der oberen Luftwege, Entzündungen der Mund- und Rachenschleimhaut«, heißt es laut BGA.

STANDORT: Auf Wiesen, Gärten, Feldern und an Wegrändern.

VERWENDETE PFLANZENTEILE: Blätter und Blütenstände zu Salaten, Gemüse, Blattrouladen, Pilzgerichten, Omeletts, Brot, Sirup, Tee.

GESCHICHTEN: Falls Sie einen längeren Fußmarsch vor sich haben, ist es sinnvoll, Spitzwegerich im Schuh zu tragen, um Blasen zu verhindern. Er ist Freund und Beschützer aller Reisenden, da der Wegerich überall auf und neben den Wegen zu finden ist und auch hilft. Wegerich heißt auch »Herrscher des Weges«.

Etwa 40 000 Samen und 77 Wurzeln jeder Pflanze tragen zur guten Vermehrung bei. So wurde er bei den Indianern »Fußstapfen des weißen Mannes« genannt, da die Europäer diese Pflanze in die Heimat der Indianer brachten.

Um die Frühjahrsmüdigkeit zu vertreiben, können wir die Gründonnerstagssuppe genießen. Hinein gehört der Spitzwegerich. Dazu schmecken die nach Champignons schmeckenden Blütenstände.

Schon bei Kindern kann das Auftragen des frischen Pflanzensaftes aus den zerriebenen Blättern bei Mückenstichen als »erste Hilfe« angewandt werden.

STIELEICHE

Quercus robur

Sommer-Eiche

FAMILIE: Buchengewächse, Fagaceae

MERKMALE: Die mächtige Eiche mit ihrem knorrigen Stamm, den gekrümmten Ästen und den unverwechselbaren Eichenblättern, ist fast allen bekannt. Sie kann ein unbeschreibliches Alter von über 1000 Jahren und eine Höhe von über 40 Metern erreichen. Durch ihr hohes Alter wird aus ihrer glatten Rinde eine aufgerissene dunkle Borke, die jedem Wetter trotzen kann. Die tiefgründige Pfahlwurzel verleiht der Eiche große Standfestigkeit gegen fast jeden Sturm. Der Name Stieleiche hat nichts mit den buchtig, ganzrandig gelappten Blättern zu tun, diese haben nur einen kurzen Stiel. Vielmehr weist der Name auf die langstieligen Eicheln hin. Die unterschiedlich großen Früchte werden in einer pfeifenähnlichen Halterung, dem Fruchtbecher getragen. Nach der Reife fällt die Eichel heraus und kann wieder zu keimen beginnen. Die Früchte schmecken unterschiedlich herb, manche auch nach Nüssen.

BLÜTEZEIT: April bis Juni

FRÜCHTE: September bis Oktober.

MÖGLICHE VERWECHSLUNG: Mit der Traubeneiche, bei der die Eicheln in kurzstieligen Trauben hängen.

INHALTSSTOFFE: Gerbstoffe sind der markanteste Inhaltsstoff, die Früchte enthalten auch noch Öl.

HEILWIRKUNG: Durch den hohen Gerbstoffanteil wirkt die Eichenrinde stopfend, entzündungshemmend und zusammenziehend. Deshalb wird sie in der Volksmedizin bei Durchfall und Entzündungen, vor allem im Mundraum und auf der Haut angewendet.

STANDORT: In Laubwäldern, Parks und großen Gärten, am Waldrand oder einzeln an Kraftplätzen.

VERWENDETE PFLANZENTEILE: Junge Blätter in Tee, Eicheln für Kaffee, als Mehlersatz, Belag, Bratlinge, Gebäck und in Likören. Wein wird zum Reifen in Eichenfässern aufbewahrt.

GESCHICHTEN: Wildschweine lieben Eicheln. Wenn man in der Natur unterwegs ist, sieht man oft den Boden unter den Eichen durchwühlt. Früher wurden auch die Hausschweine gezielt wegen ihrer sättigenden Wirkung mit Eicheln gefüttert.

In der Überlieferung weist ein hoher Eichelertrag auf einen strengen kommenden Winter hin.

Die große Bedeutung der Eiche sieht man außerdem an den reichlichen Blattmotiven an unterschiedlichsten Gegenständen wie auf Münzen oder Trachtenkleidung. Als Symbol für Kraft und Stärke wurde er auch vielen Göttern geweiht. Wie in Griechenland dem Zeus, der einen Kranz aus Eichenblättern trägt.

An manchen Blättern findet man kleine Kugeln, die Gallen, auch Galläpfel genannt. Sie wurden von Gallwespen gebildet. In diesen Pflanzengallen entwickeln sich unterschiedlichste Larven, die besonders viel Gerbstoff enthalten.

Der reiche Gerbstoff in den Rinden wird heute noch zum Gerben von Leder verwendet.

TAGLILIE

Hemerocallis fulva

Bahnwärter-Taglilie, Gelbrote-Taglilie

FAMILIE: Affodillgewächse, Asphodelaceae

MERKMALE: Aus China eingewandert und in Parks angebaut, haben sich die wunderschönen Taglilien in der freien Natur ausgebreitet. Ihr besonderes Merkmal sind die orangefarbenen trichterförmigen Blüten, die nur einen »Tag« lang voll erblühen. Die Blüten haben keinen auffälligen Duft, schmecken aber sehr süß. Mit ihren Rhizomen, die aus den Wurzeln entstehen, vermehren sie sich schnell und wachsen deshalb meist großflächig. Schmale lange, linealische Blätter wachsen nur am Boden, knicken bald in der Mitte ab und bleiben am Boden liegen. Aus ihnen entwickelt sich ein dünner, bis zu 150 cm hoher Stängel, der sich im oberen Drittel verzweigt und am Ende die Blüten trägt.

BLÜTEZEIT: Juni bis August.

MÖGLICHE VERWECHSLUNG: Vor der Blüte mit dem giftigen Doldentraubigen Milchstern und den Narzissen.

INHALTSSTOFFE: Glykoside, Saponine, Vitamine.

HEILWIRKUNG: Es ist bekannt, dass die Taglilie in der traditionellen chinesischen Medizin verwendet wird. In Europa wird sie hauptsächlich als Zierpflanze gezüchtet.

STANDORT: An Weg- und Waldrändern, in Gärten, vor Gebüschen und Hecken.

VERWENDETE PFLANZENTEILE: Junge, zarte Blätter sparsam in Salat, Gemüse. Blütenknospen und Blüten als Rohkost, essbare Dekoration, auch gefüllt oder angebraten.

TANNE

Abies alba

Weißtanne

FAMILIE: Kieferngewächse, Pinaceae

MERKMALE: In dem Lied »O Tannenbaum« wird uns die Wertschätzung dieses immergrünen Baumes deutlich. Oft wird er mit der Fichte verwechselt. Wichtige Merkmale der Tanne sind die flache Form der Nadeln und die zwei weißlichen Streifen auf der Nadelunterseite. Der Name Weißtanne könnte daher kommen, oder auch von der hellgrauen Rinde. Die waagerecht abstehenden Zweige fühlen sich beim Berühren weich und glatt an und duften nach Harz. Erst nach etwa 60 Jahren beginnt die Tanne zu blühen. Die aufrecht sitzenden Zapfen fallen nach der Reife, im Gegensatz zur Fichte, nicht ab. Die einzelnen Schuppen lösen sich, damit der Samen abfallen und die Tanne sich weit verbreiten kann. Die Zapfenspindel bleibt vom Zapfen übrig und ist noch lange am Tannenzweig sichtbar. Die hellgrünen, noch ganz frischen Triebspitzen, auch »Maispitzen« genannt, können direkt vom Baum probiert werden. Sie schmecken harzig säuerlich.

BLÜTEZEIT: April bis Juni.

MÖGLICHE VERWECHSLUNG: Mit anderen Nadelbäumen. Vorsicht ist bei der giftigen Eibe (Taxus baccata) geboten, die als wich-

tiges Merkmal anstatt der Zapfen kleine rote Früchte trägt.

INHALTSSTOFFE: Ätherische Öle, Harze, Vitamine.

HEILWIRKUNG: Der Tanne wird eine schleimlösende, hustenstillende und wundheilende Wirkung nachgesagt. In der Volksmedizin kommt sie daher bei Husten, Muskelschmerzen und bei Hautproblemen zum Einsatz.

STANDORT: In Misch- und Nadelwäldern, Gebirgslagen und Parks.

VERWENDETE PFLANZENTEILE: Die jungen Nadeln in Salat, als essbare Dekoration, Sirup, Likör, Gelee, in Kuchen, Tee und für Vollbäder. Bei der Ernte ist es wichtig, darauf zu achten, nur von älteren Bäumen frische Triebe in geringster Menge zu ernten, um den Baum nicht zu schädigen. Besser vorher beim Waldbesitzer nachfragen. Junge Zapfen für Likör. Das Harz für medizinische Anwendungen und zum Räuchern. Das Räuchern findet vor allem in den Raunächten um die Weihnachtzeit statt. Es soll die Luft reinigen und uns vor Krankheit schützen.

TRAUBENKIRSCHE

Prunus padus

Ahlkirsche, Gewöhnliche Traubenkirsche, Trudenbaum

FAMILIE: Rosengewächse, Rosaceae

MERKMALE: Sie kann zu einem reichblühenden Strauch oder Baum wachsen. Ihre elliptisch eiförmigen, spitzen Blätter sind am Rand fein gesägt. Stark duftende, hängende Blütentrauben bestehen aus vielen weißen Blüten. Der honigartige Duft lockt im Frühling Bienen an, im Herbst kommen zu den roten bis schwarzen Früchten viele Vögel. Diese sorgen für die Verbreitung der Traubenkirsche. Das Fruchtfleisch ist auch für uns Menschen essbar und schmeckt säuerlich mit einem Nachgeschmack ähnlich wie Bittermandeln. Die kirschenähnlichen Steinfruchtkerne enthalten Blausäure und sollten nicht verzehrt werden, um Vergiftungserscheinungen zu vermeiden.

BLÜTEZEIT: April bis Mai

FRÜCHTE: August bis September.

MÖGLICHE VERWECHSLUNG: Mit anderen Kirschbäumen.

INHALTSSTOFFE: Blausäureglykoside, Gerbstoffe.

HEILWIRKUNG: Ein Fruchtmus aus Traubenkirschen soll bei Rheuma eingesetzt worden sein. Über eine bedeutende volksmedizinische Anwendung ist wenig bekannt.

STANDORT: In Au- und Laubwäldern, am Waldrand, neben der Autobahn und an Bächen.

VERWENDETE PFLANZENTEILE: Reife schwarze Früchte (ohne Kerne) in geringen Mengen zu Mus, Brotaufstrichen, in Kuchen und Säften.

TÜPFEL-JOHANNISKRAUT
Hypericum perforatum

Echtes Johanniskraut, Blutkraut, Hartheu, Hergottskraut, Johannisblut

FAMILIE: Johanniskrautgewächse, Hypericaceae

MERKMALE: Bei den eiförmig länglichen, ganzrandigen Blättern der mehrjährigen Pflanze sind bei Sonnenschein die »Tüpfel«, wie der Name sagt, mit dem Auge gut sichtbar. Es scheint, als wären die Blätter durchlöchert. Am zweikantigen Stängel, einem weiteren wichtigen Merkmal, sitzen sich die punktierten Blätter gegenüber.

Kleine Tüpfel finden wir auch in den gelben, fünfzähligen Blüten, die im oberen Teil des verzweigten Stängels angeordnet sind. Zerdrückt man eine solche Blüte oder Knospe, dann verfärben sich die Finger blutrot. Dies bewirkt der Wirkstoff Hypericin.

BLÜTEZEIT: Juni bis August.

MÖGLICHE VERWECHSLUNG: Mit anderen Johanniskrautgewächsen.

INHALTSSTOFFE: Ätherische Öle, Flavonoide, Gerbstoffe, Harze, Hypericine.

HEILWIRKUNG: Die Pflanze wirkt beruhigend, stimmungsaufhellend, wundheilend, schmerzlindernd und entzündungshemmend. Der wichtigste Inhaltstoff, das Hypericin, bewirkt die große Bedeutung des Johanniskrautes. In der Volksmedizin

wird sie bei Nervenleiden, Angstzuständen, Wunden und Gelenkschmerzen eingesetzt. Bei einer Johanniskrautkur soll man kein Sonnenbad nehmen, da sich die Lichtempfindlichkeit erhöht.

STANDORT: In sonnigen Wiesen, Feldrainen, an Wegrändern und Böschungen.

VERWENDETE PFLANZENTEILE: Zarte frische Blätter als Würze in Salat, in Spinat, Suppen, Gemüse, in Kräuterlikören und Aufstrichen. Knospen und Blüten als essbare Dekoration und in Öl (sogenanntes Rotöl). Nach alter Tradition ist der beste Sammelzeitpunkt um Johanni (24. Juni).

GESCHICHTEN: Unzählige Legenden ranken sich um das Johanniskraut. Vor allem dar-

um, wie die »Tüpfel« entstanden sind. Eine davon erzählt, dass ein junger Mann sich dem Teufel versprochen hatte. Als der Teufel ihn holen wollte, bekam es der junge Mann mit der Angst zu tun und wollte nicht mit. In seiner Not griff er nach dem Johanniskraut, welches grad neben ihm wuchs und hielt es dem Teufel hin. Das Johanniskraut war so mächtig, dass der Teufel nichts dagegen ausrichten konnte. In seiner Wut schlug er mit seinen spitzen Nägeln auf das Johanniskraut ein und die Löcher oder Tüpfel entstanden.

VOGEL-KIRSCHE

Prunus avium

Süßkirsche, Kirsche, Wildkirsche

FAMILIE: Rosengewächse, Rosaceae

MERKMALE: Durch seine rotbraune, glänzende Rinde mit Querstreifen und den dicken Knospen ist der Kirschbaum auch ohne Laub erkennbar. Die Blüten im Frühjahr sind weiß und duftend. Über den ersten blühenden Obstbaum freuen sich Bienen und Hummeln besonders. Die eiförmig gezahnten Blätter erscheinen erst nach Blütenbeginn. Die essbaren Früchte werden im Sommer süß und rot bis schwarz. Sie schmecken viel intensiver als die Zuchtformen, sind aber wesentlich kleiner als Süßkirschen. Das Laub leuchtet im Herbst rot.

BLÜTEZEIT: April bis Mai

FRÜCHTE: Juli bis August.

MÖGLICHE VERWECHSLUNG: Mit anderen Kirscharten.

INHALTSSTOFFE: Ätherisches Öl, Bitterstoffe, Blausäureglykoside, Enzyme, Fruchtsäure, Fruchtzucker, Gerbstoffe, Harz, Kalium, Magnesium, Pektin, Vitamine.

HEILWIRKUNG: Die Kirsche ist harntreibend, blutbildend, schleimlösend, schmerzlindernd und erfrischend. In der Volksmedizin wurden Kirschen, Kerne, Blätter, Blüten, Stiele, Rinde und auch das Kirschharz zu Heilzwecken verwendet.

STANDORT: In Laubwäldern und Hecken.

VERWENDETE PFLANZENTEILE: Blüten als essbare Dekoration, Früchte (ohne Kerne) für Wein, Likör, Gelee, Eis und Torten, die Kerne für Kirschkern-Kissen. Frisch vom Baum schmecken sie am besten.

VOGELMIERE

Stellaria media

Alsine, Feldsternmiere, Hühnerbiss, Hühnerdarm, Mausdarm, Sternmiere, Vogelkraut, Vogelsternmiere

FAMILIE: Nelkengewächse, Caryophyllaceae

MERKMALE: Die stark verzweigten, runden Stängel bilden einen flächendeckenden Pflanzenteppich mit kleinen eiförmigen, grasgrünen und saftigen Blättern. Diese wachsen paarweise an den einreihig behaarten Stängeln. Beim aufmerksamen Auseinanderziehen des Stängels erscheint ein dünner elastischer Faden (daher »Mausdarm«). Die Vogelmiere kennt kaum eine Winterpause. Zart und weiß erblüht sie fast das ganze Jahr. Die Pflanze kann komplett geerntet werden und schmeckt frisch genossen mild nach jungem Mais.

BLÜTEZEIT: März bis Dezember.

MÖGLICHE VERWECHSLUNG: Mit dem Ackergauchheil, der jedoch tomatenrote Blüten hat. Ackergauchheil ist eine Heilpflanze und unverarbeitet giftig.

INHALTSSTOFFE: Flavonoide, Mineralstoffe, Saponine, Schleimstoffe, Spurenelemente, Vitamine.

HEILWIRKUNG: In der Volksmedizin gilt die Vogelmiere als schleimlösend, entzündungshemmend, hustenstillend und verdauungsfördernd. Sie wird auch eingesetzt

bei Rheuma, Lungenleiden, Hämorrhoiden, Nieren- und Blasenentzündung, zur Stärkung der Sehkraft und bei Augenentzündungen. Sie hält den Körper agil und beweglich. Die Vogelmiere ist bestens für eine Frühjahrskur geeignet.

STANDORT: Auf Äckern, Schuttplätzen, Komposthaufen, an Waldrändern, in Gärten, Weinbergen, Ödland, besonders auf nährstoffreichen Böden.

VERWENDETE PFLANZENTEILE: Als Dauergrün kann die frische Pflanze zu Salaten,

Spinat, Kräuterkäse, Brot, Brotaufstrichen, Suppen, Tee, Saft und auch als essbare Dekoration verwendet werden.

GESCHICHTEN: Auch das Federvieh hat den Hühnerdarm, wie er auch genannt wird, gern auf dem Speiseplan.
Die Vogelmiere ist eine Pionierpflanze auf nährstoffreichen Böden. Sie schützt vor Austrocknung und Erosion.
Der liebliche Dauerblüher Vogelmiere passt auch als Blumenkastenschmuck und kann jederzeit geerntet werden.

WALD-ERDBEERE

Fragaria vesca

Besingkraut, Darmkraut, Erbern, Flohbeere, Rotbeere, Wilde Erdbeere

FAMILIE: Rosengewächse, Rosaceae

MERKMALE: Die grünen, fein behaarten Blätter sind dreigeteilt und am Rand gesägt. Aus der weißen Blüte entsteht die Scheinfrucht, die wir als Erdbeere bezeichnen. Sie ist rot und schmeckt süß. Die kleinen Nüsschen auf der Erdbeere (ihr Markenzeichen) sind hartschalige Samen. Im August vermehrt sich die mehrjährige Pflanze mit ihren langen, oberirdischen Ausläufern. Die daraus neu gebildeten Wurzeln verankern sich im Boden.

BLÜTEZEIT: Mai bis Juli

FRÜCHTE: Juni bis August.

INHALTSSTOFFE: Aromastoffe, Flavonoide, Folsäure, Fruchtsäuren, Gerbstoffe, Mineralien, Salicylsäure, Vitamine.

HEILWIRKUNG: Tee aus Wurzeln und Blättern werden eingesetzt bei Magen- und Darmstörungen, bei Durchfällen und bei Entzündungen im Mundraum; frische Früchte zur Unterstützung der Leber- und Gallenfunktion. In der Volksmedizin wird die Walderdbeere auch bei Blutarmut, Energiemangel, Nervenschwäche, Herz- und Harnwegsbeschwerden empfohlen. Walderdbeeren sollten möglichst oft gegessen werden.

STANDORT: Auf sonnigen Böschungen, lichten Waldrändern und Waldwegen.

VERWENDETE PFLANZENTEILE: Die Früchte am besten frisch verzehren oder für Bowle, Kuchen, Nachspeise und Marmelade. Die Blätter für Salat und Tee.

WALDMEISTER
Galium odoratum

Duftendes Labkraut, Gliedkraut, Halskräutlein, Herzensfreund, Leberkraut, Magerkraut, Maiblume, Teekraut, Waldmandl, Waldtee

FAMILIE: Rötegewächse, Rubiaceae

MERKMALE: Die 6- bis 8-zähligen Blattquirle des zarten Waldmeisters sind um den vierkantigen Stängel in Etagen angeordnet. Aus dem rotbraunen Wurzelstock treiben im zeitigen Frühjahr zahlreiche Pflänzchen. Die schneeweißen, sternförmigen Blüten erscheinen am oberen Ende der Pflanze. Der Waldmeister wächst nicht allein, er ist immer in großer Gemeinschaft zu finden. Besonders auffallend ist der aromatische Duft bei getrockneten oder zerquetschten Blättern.

BLÜTEZEIT: Mai bis Juni.

MÖGLICHE VERWECHSLUNG: Mit Wiesen-Labkraut und Wald-Labkraut, aber beide duften nicht nach Waldmeister.

INHALTSSTOFFE: Bitterstoffe, Cumaringlykosid, Gerbstoffe, Vitamine.

HEILWIRKUNG: In der Volksmedizin wird Waldmeister bei Menstruationsbeschwerden und Migräne eingesetzt. Er wirkt auch entkrampfend, leberstärkend, beruhigend, schlaf- und verdauungsfördernd. Beim Welken wird Cumarin freigesetzt. Vorsicht nicht überdosieren. Cumarin kann Kopfschmerzen auslösen!

STANDORT: Mit Vorliebe in Buchenwäldern, aber auch unter Sträuchern und Büschen.

VERWENDETE PFLANZENTEILE: Die angewelkte Pflanze zum Aromatisieren von Limonade, Bowle, Likör, Tee, Eis, Sahne, Desserts und für Kräuterkissen.

WALD-SAUERKLEE
Oxalis acetosella

Hasenklee, Waldklee

FAMILIE: Sauerkleegewächse, Oxalidaceae

MERKMALE: Die kleeähnlichen, dreizählig langstieligen Blätter sind besonders zart. Sie bestehen aus kurzstieligen herzförmigen Teilblättchen. Bei Dunkelheit und Regenwetter schließen sich die Blätter. Weiße Blüten mit violetten Adern überragen die Blätter und drehen sich zum spärlichen Licht. Der mehrjährige Waldsauerklee ist eine häufig vorkommende Schattenpflanze. Weil dort seltener Insekten sind, ist er auch auf Selbstbestäubung angewiesen. Der Sauerklee hat deshalb zwei unterschiedliche Blüten. Die glockige ist für Bienen und Hummeln und die geschlossene Blüte für die Selbstbestäubung, die durch einen Schleudermechanismus möglich ist. Sein Markenzeichen, der säuerliche Duft und Geschmack wird beim Berühren sofort erkennbar.

BLÜTEZEIT: April bis Juni.

MÖGLICHE VERWECHSLUNG: Mit anderen Sauerkleearten, sie sind gleich verwendbar.

INHALTSSTOFFE: Kleesalz, Oxalsäure, Vitamin C.

HEILWIRKUNG: In der Volksmedizin wird Sauerklee gegen Skorbut, einer Vitamin-C-

Mangelkrankheit, bei Frühjahrsmüdigkeit und auch als Wurmmittel eingesetzt. Selbst in der Homöopathie findet er Anwendung.

STANDORT: Humusreiche, feuchte und dunkle Nadel- und Mischwälder mit etwas saurem Boden. Selbst bei nur einem Prozent Sonnenlicht kann der Sauerklee wachsen. Nur wenige Pflanzen können unter solchen Bedingungen überleben.

VERWENDETE PFLANZENTEILE: Blätter und Blüten in Maßen für Salate, Gemüse,

Suppen, als essbare Dekoration und als Durstlöscher für unterwegs.
Da der Sauerklee sehr oxalsäurehaltig ist, soll er nicht in großen Mengen und nicht über einen langen Zeitraum gegessen werden. Die Oxalsäure könnte dann die Nieren schädigen. Oxalsäure ist auch in Sauerampfer und Spinat enthalten.
Bei langen Wanderungen in der Natur eignet sich ein Blatt Sauerklee, auf die Zunge gelegt, hervorragend als Durstlöscher.

WEGWARTE

Cichorium intybus

Gewöhnliche Wegwarte, Wegeleuchte, Zichorie, Zigeunerblume

FAMILIE: Korbblütler, Asteraceae

MERKMALE: Die tiefblaue bis lila Korbblüte der Wegwarte blüht nur einen Tag. Bereits am nächsten sonnigen Morgen leuchtet eine neue Blüte mit zahlreichen gezähnten Zungenblüten auf der blattarmen Pflanze. Viele solcher strahlenden Blüten sitzen verteilt in den Blattachseln. Die fiederspaltigen Grundblätter sehen den Blättern des Löwenzahns ähnlich, sind jedoch borstig behaart. Lanzettliche ungeteilte Blätter umfassen den stark ästigen Stängel. Der Geschmack von Blättern und Wurzeln der Pflanze »Zichorie« ist ähnlich bitter wie Chicoree- und Endiviensalat.

BLÜTEZEIT: Juli bis September.

MÖGLICHE VERWECHSLUNG: Die einzigartig schöne Blüte kann man nicht verwechseln.

INHALTSSTOFFE: Bitterstoffe, Gerbstoffe, Inulin.

HEILWIRKUNG: Die Wegwarte ist als stoffwechselanregend und verdauungsfördernd bekannt. Sie wird in der Volksmedizin bei Beschwerden von Galle, Leber und Magen und zur Stärkung des Gesamtstoffwechsels eingesetzt.

STANDORT: An Straßen- und Wegrändern, auf Schuttplätzen und sonnigen Böschungen.

VERWENDETE PFLANZENTEILE: Blätter für Salate, Gemüsegerichte, Suppen, Kräutersalz und Tee. Die Blüten als essbare Dekoration und in Salate. Aus der Wurzel wird der bekannte Zichorien-Kaffee hergestellt. Da die Wegwarte stellenweise selten geworden ist, ist es besser, auf Wurzeln von Kulturpflanzen oder Löwenzahn zurückzugreifen.

GESCHICHTEN: Es lebte einmal in längst vergangener Zeit eine junge Prinzessin glücklich mit ihrem Prinzen. Bald wollten sie heiraten. Da wurde der junge Prinz in den Krieg gerufen. In aller Frühe machte er sich auf den Weg gen Osten. Die junge Prinzessin verabschiedete ihn am Wegesrand und schaute ihm lange zur aufgehenden Sonne nach. Sie konnte den Blick nicht abwenden. Als die Sonne unterging, senkte auch sie ihren Kopf vor Kummer und Schmerz. Beim nächsten Sonnenaufgang war sie wieder voll neuer Hoffnung und versuchte, ihren Geliebten in der Ferne zu entdecken. Eine Fee erbarmte sich ihrer und verwandelte sie in eine wunderschöne himmelblaue Blume. So wartet sie noch heute jeden Morgen neu auf die Wiederkehr ihres Prinzen.

WEISSE TAUBNESSEL

Lamium album

Ackernessel, Bienensaug, Honigblume, Kuckucksnessel, Milde Nessel

FAMILIE: Lippenblütler, Lamiaceae

MERKMALE: An dem vierkantigen Stängel wachsen an den Blattachseln etagenförmig und in Scheinquirlen angeordnet, leuchtend weiße Lippenblüten. Sie duften und schmecken nach Honig. Charakteristisch sind die »Ober- und Unterlippe« dieser auffallenden Blüte. Sie verleihen dieser Familie den Namen Lippenblütler. Beim Zerreiben der frischen herzförmigen, gesägten Blätter entfaltet sich ein bitterer Zitronenduft, der sich kurz darauf in einen Pilzduft verändert. Der Duft kann sich je nach Jahreszeit und Standort auch wieder ändern. Die Blätter haben keine Brennhaare, obwohl sie den Brennnesselblättern zum Verwechseln ähnlich sehen.

BLÜTEZEIT: April bis Oktober.

MÖGLICHE VERWECHSLUNG: Ohne Blüte mit anderen Taubnesseln, Brennnesseln und mit den unterschiedlichen Hohlzahnarten. Diese sind auch essbar.

INHALTSSTOFFE: Ätherisches Öle, Flavonoide, Gerbstoffe, Kalium, Mineralien, Pflanzenschleime, Saponine.

HEILWIRKUNG: Die Taubnessel wird in der Volksmedizin vielfältig eingesetzt. Bei Frauenbeschwerden, Magen- und Darmproblemen, Katarrhen, Blasen- und Nierenleiden und Blutarmut. Auch äußerlich bei Nagelbettentzündungen findet sie Anwendung. Sie soll entzündungshemmend, schleimlösend, krampflösend und harntreibend sein.

STANDORT: An Feld- und Wiesenrändern, nährstoffreichen Unkrautfluren, Schuttplätzen, an Flussufern, auch unter Büschen und zwischen Burgruinen.

VERWENDETE PFLANZENTEILE: Blätter und Blüten als essbare Dekoration, für Salate, Gemüse, Spinat, Suppen, Blütenbutter, Tee, zum Ausbacken. Die Samen für Keimlinge im Winter.

GESCHICHTEN: Dass weiße Blüten ein Symbol für Reinheit und Unschuld sein sollen, zeigt sich auch in der Aussage Hildegard von Bingens: »*Dass der reines Herz haben soll, der Taubnessel bei sich hat*«.

Ihre Namen Bienensaug oder Honigblume zeigen uns bereits die große Bedeutung für die Bienen. Die Blüten enthalten reichlich Nektar und werden deshalb von Bienen und Hummeln gleichermaßen gern besucht.

WIESEN-BÄRENKLAU
Heracleum sphondylium

Bärenklau, Bärentatze, Hasenkraut, Wiesen-rhabarber

FAMILIE: Doldenblütler, Apiaceae

MERKMALE: Der Wiesen-Bärenklau fällt besonders durch seine stattliche Größe auf. Nicht zu verwechseln mit dem Riesen-Bärenklau, der weit über zwei Meter hoch werden kann. Die weiße Blüte des Wiesen-Bärenklaus sieht mit ihrer Doppeldolde, oberflächlich betrachtet, fast wie die anderer Doldengewächse aus. Daher ist hier eine sorgfältige Bestimmung notwendig. Wichtige Merkmale bei diesem Gewächs sind seine großen behaarten und gefiederten Blätter, die tief gelappt sind, ähnlich den »Bärentatzen«, und der kantig raue Stängel. Aus großen Blattscheiden am Stängelaustrieb sprießen neue Blüten, die im Anfangsstadium aussehen wie frisch geernteter Broccoli. Aufgeblüht locken die stark duftenden großen Doldenblüten viele Insekten an. Der saftige Wiesen-Bärenklau riecht würzig aromatisch, ähnlich wie Gelbe Rüben.

Nach Berührung mit der Pflanze, vor allem mit dem Pflanzensaft, können Hautreaktionen auftreten, die durch die Furocumarine ausgelöst werden.

BLÜTEZEIT: Juni bis Oktober.

MÖGLICHE VERWECHSLUNG: Mit anderen, giftigen Doldengewächsen oder mit dem Riesen-Bärenklau (Herkules-Staude), bei dem bereits geringster Kontakt Hautreaktionen auslösen kann. Genau bestimmen!

INHALTSSTOFFE: Ätherische Öle, Bitterstoffe, Furocumarine, Mineralstoffe, Vitamine.

HEILWIRKUNG: Volksmedizinisch wird der Wiesen-Bärenklau zur Stoffwechselanregung, bei Blähungen, Husten und zur Potenzsteigerung empfohlen. Er wird als schleimlösend und aufbauend beschrieben.

STANDORT: Auf Fettwiesen, an Weg- und Waldrändern, vor Gebüschen und Hecken, in Auenwäldern und Gräben.

VERWENDETE PFLANZENTEILE: Junge frische Blätter und zarte Blattstängel in Gemuse, Aufläufen, Suppen, für Ausbackteig und süß-saures Gemüse. Die Blütenknospen wie »Broccoli« auf Pizza und als Füllung. Nur in geringen Mengen verwenden.

GESCHICHTEN: Der Wiesen-Bärenklau ist ein beliebtes Hasenfutter, daher sein Name »Hasenkraut«.

WIESEN-BOCKSBART

Tragopogon pratensis

Bocksbart, Zuckerblume

FAMILIE: Korbblütler, Asteraceae

MERKMALE: Vor der Blütezeit fällt der Wiesen-Bocksbart kaum im Gras auf. Schmal linealische, spitze Blätter wachsen am Boden und am aufrechten Stängel. Erst durch die großen gelben Blütenköpfe wird er deutlich sichtbar. Sie leuchten nur an sonnigen Tagen am Ende des wenig verzweigten Stängels. Ähnlich dem Löwenzahn entwickelt sich aus der Blüte ein Pappus, der auch als Flugorgan dient. Beim Pflücken der aufrechten Pflanze tritt Milchsaft hervor. Der süßliche Geschmack der jungen saftigen Pflanze ließ mich als Kind, noch bevor die Blüte aufgegangen war, an Stängel und Knospen knabbern.

BLÜTEZEIT: Mai bis Juli.

MÖGLICHE VERWECHSLUNG: Mit dem Großen Bocksbart, der auch essbar ist. Mit der seltenen Niedrigen Schwarzwurzel, die ähnlich ausschaut, aber geschützt ist.

INHALTSSTOFFE: Bitterstoffe, Inulin, Lipide, Kohlenhydrate, Mineralstoffe, Schleimstoffe.

HEILWIRKUNG: Der Wiesen-Bocksbart gilt in der Volksmedizin als stoffwechselanregend, schweiß- und harntreibend. Die Pflanze kann beim Wasserlassen und bei der Schweißbildung hilfreich sein.

STANDORT: Auf ungedüngten Wiesen, Weiden, an Wald- und Wegrändern.

VERWENDETE PFLANZENTEILE: Blätter, Triebe und Knospen in Salat, Gemüse und Aufläufen. Die gelben Strahlenblüten als essbare Dekoration.

WIESEN-GLOCKENBLUME

Campanula patula

FAMILIE: Glockenblumengewächse, Campanulaceae

MERKMALE: Bei den blau-violetten Blüten der artenreichen Gattung sind die zarten trichterförmigen Glöckchen bis zur Hälfte fünf Mal eingeschnitten. Feine lange Stängel bewirken, dass sie sich im Wind bewegen, als würden sie läuten. Die Blüten wenden sich der Sonne zu und bei Regen senken sie ihre Köpfchen, vermutlich um die Pollen zu schützen. Gerne wird die »Lichtpflanze« von den Bienen besucht.

Länglich lanzettliche Blätter wachsen gegenständig an einem dünnen Stängel.

BLÜTEZEIT: Mai bis September.

MÖGLICHE VERWECHSLUNG: Mit anderen Pflanzen aus der Gattung Glockenblumen.

INHALTSSTOFFE: Bitterstoffe, Gerbstoffe, Inulin, Vitamine.

HEILWIRKUNG: Die Glockenblumen gelten als zusammenziehend und wundheilend, haben aber bei uns in der Volksmedizin keine große Bedeutung. Die Freude bei ihrem Anblick trägt jedoch auch zu unserem Wohlbefinden bei.

STANDORT: In Wiesen, an Wegrändern und vor Gebüschen.

VERWENDETE PFLANZENTEILE: Zarte frische Blätter und die Blüten als essbare Dekoration, in Salat, Gemüse- und Getreidegerichten, Suppen, Brotaufstrichen. Die Glöckchen können mit einer Kräuter-Sauerrahm-Masse gefüllt werden.

WIESEN-KLEE
Trifolium pratense

Futterklee, Gewöhnlicher Wiesenklee, Honigklee, Rotklee

FAMILIE: Schmetterlingsblütler, Fabaceae

MERKMALE: Der ausdauernde Wiesen-Klee kommt meist großflächig vor. Der aufrechte Stängel der eiweißreichen Pflanze und die ganzrandigen, dreifiedrigen, saftig grünen Blätter sind zart behaart und haben oft helle Flecken. Die Einzelblättchen sind eiförmig bis lanzettlich. Rosa bis hellpurpurrote kugelige Schmetterlingsblüten locken mit reichlich Nektar besonders langrüsselige Hummeln an. Es scheint, als würden die ungestielten Blütenköpfe von dreizählig gefiederten Blättern getragen. Bereits beim zarten Verreiben der Blüten entweicht ein süßlicher Honigduft.

BLÜTEZEIT: Mai bis Oktober.

MÖGLICHE VERWECHSLUNG: Mit anderen Kleearten wie Mittlerer Klee oder vor der Blüte mit Weiß-Klee. Diese sind nur in geringen Mengen essbar.

INHALTSSTOFFE: Ätherische Öle, Isoflavone (Phytoöstrogene), Gerbstoffe, Glykoside, Eiweiß.

HEILWIRKUNG: In der Volksmedizin wird Wiesen-Klee-Tee zur Blutreinigung und bei Leber- und Gallenbeschwerden getrunken. Auch für die Wechseljahre wird Rotklee empfohlen.

STANDORT: Großflächige Äcker werden oft mit Wiesen-Klee oder Rotklee, wie er auch genannt wird, als eiweißreiche Futter-

pflanze und Zwischenfrucht angebaut. Er gilt als Bodenverbesserer, da er den Boden mit Stickstoff anreichert. Daraus verwildert findet man ihn auf Wiesen und Weiden in ganz Europa.

VERWENDETE PFLANZENTEILE: Blätter und Blüten als essbare Dekoration, für Salate, Gemüse, Suppen, Blütenbutter, Tee, Brot, als Pizzabelag. Samen zum Keimen.

GESCHICHTEN: Manche werden sich an die Kinderzeit erinnern, als sie den süßen Nektar aus den frischen Blüten direkt von der Wiese in den Mund genascht haben. Dies muss um die Mittagszeit geschehen, da die Hummeln uns sonst zuvorkommen.

Das vierblättrige Kleeblatt gilt als Glückssymbol. Ob es nun daher kommt, dass angeblich Eva aus dem Paradies ein vierblättriges Kleeblatt mitnahm und dies somit zum Glücksklee wurde oder weil der Klee durch sein frisches Aussehen Lebenskraft ausstrahlt, ist mir nicht bekannt.

WIESEN-LABKRAUT
Galium mollugo

Gemeines Labkraut, Gewöhnliches Labkraut

FAMILIE: Rötegewächse, Rubiaceae

MERKMALE: Das zarte verzweigte Wiesen-Labkraut sieht, von der Ferne betrachtet, während der Blütezeit wie ein weißes Schleierkraut aus. Die vielblütige, mehrjährige Pflanze ist übersät mit kleinen weißen Blüten, die jeweils aus vier Blütenblättern bestehen und süßlich duften. Am vierkantigen Stängel sind längliche spitze Blätter quirlständig und etagenweise angeordnet. Die einzelnen Stängel sind so zart, dass sie sich nur mit gegenseitiger Stütze aufrichten können. Vor der Blüte schmeckt die Pflanze frisch, fein und etwas säuerlich.

BLÜTEZEIT: Mai bis September.

MÖGLICHE VERWECHSLUNG: Vor der Blüte mit dem Echten Labkraut oder dem Kletten-Labkraut.

INHALTSSTOFFE: Ätherische Öle, Flavonoide, Gerbstoffe, Glykoside.

HEILWIRKUNG: Da das Wiesen-Labkraut sehr bald im Frühling wächst, wird es in der Volksmedizin vor allem zur Frühjahrskur eingesetzt. Es regt unseren Stoffwechsel an und dient auch zur »Entschlackung«.

STANDORT: Auf sonnigen Wiesen, Böschungen, an Waldrändern, vor Gebüschen und Hecken.

VERWENDETE PFLANZENTEILE: Junge Blätter, Stängel und Blüten in Salat, Presssaft, Kräuterbutter, Gemüse, Aufläufen, Kräutersalz, Suppen, zu Gelee, als essbare Dekoration, in Essig, Öl, Getränken und Likör.

WIESEN-SALBEI
Salvia pratensis

Salbei, Wilder Salbei

FAMILIE: Lippenblütler, Lamiaceae

MERKMALE: Der Wiesen-Salbei fällt besonders durch seine dunkelblauen bis violetten Lippenblüten und seinen würzigen Duft auf. Dieser ist nicht so intensiv wie beim Echten Salbei, aber deutlich erkennbar. Am aufrechten vierkantigen, etwas klebrigen Stängel wachsen quirlständig und etagenweise im oberen blattlosen Drittel die wunderschönen Blüten. Vor allem als grundständige Blattrosette wachsen die eiförmig, länglich runzligen, gekerbten Blätter.

BLÜTEZEIT: April bis August.

MÖGLICHE VERWECHSLUNG: Mit anderen Salbeiarten.

INHALTSSTOFFE: Ätherische Öle, Bitterstoffe, Flavonoide, Gerbstoffe.

HEILWIRKUNG: In der Volksmedizin wird hauptsächlich der Echte Salbei verwendet. Der Wiesensalbei enthält weniger ätherische Öle, kann aber genauso verwendet werden. Er hat eine zusammenziehende, entzündungs- und schweißhemmende Wirkung und ist deshalb bei Mund- und Halsentzündungen, bei Durchfall und bei Wechseljahrbeschwerden hilfreich. Am meisten wird der Wiesen-Salbei als Würzkraut geschätzt.

STANDORT: Auf sonnigen Wiesen, an Weg-, Waldrändern und Berghängen. Inzwischen sehr selten (Rote Liste).

VERWENDETE PFLANZENTEILE: Junge Blätter und Stängel als Würzkraut in Salat, Kräuterbutter, Gemüse, Aufläufe, Kräutersalz, Suppen, in Essig, Öl, Likör und Tee. Blüten als essbare Dekoration.

WIESENSCHAUMKRAUT

Cardamine pratensis

Bettbrunzer, Blaue Brunnenkresse, Gauchblume, Himmelfahrtsblume, Hungerblume, Kiebitzblume, Kranichblume, Kuckucksblume, Milchblume, Regenblume, Storchenblume, Wetterblume, Wiesenkresse, Wilde Kresse

FAMILIE: Kreuzblütler, Brassicaceae

MERKMALE: Die zarten, unpaarig gefiederten Blätter und der hohle, runde Stängel kommen erst zur Geltung, wenn die Pflanze blüht. Mit den weißen, helllila oder rosa-violetten Blüten erscheinen die Wiesen im Frühjahr wie ein rosa schimmerndes Blütenmeer. Das Wiesenschaumkraut schmeckt köstlich scharf. Der Stängel kann mit feinen Schaumtropfen benetzt sein, der von dem Insekt Schaumzikade stammt.

BLÜTEZEIT: April bis Mai.

MÖGLICHE VERWECHSLUNG: Mit Hirtentäschel, Acker-Hellerkraut, Pfeilkresse und Feldkresse, die vom Geschmack vergleichbar sind. Bei allen ist eine ähnliche Zubereitung möglich.

INHALTSSTOFFE: Bitterstoffe, Flavonoide, Mineralstoffe, Saponine, Senfölglykoside, Vitamine.

HEILWIRKUNG: Das Wiesenschaumkraut wird in der Volksmedizin als »blutreinigend«, belebend und harntreibend geschätzt und ist dadurch sehr gut für die Frühjahrskur geeignet. Übermengen sind zu vermeiden, Reizerscheinungen an der Niere sind dann möglich.

STANDORT: Auf sauren, feuchten Wiesen und in Gärten.

VERWENDETE PFLANZENTEILE: Blätter und Blüten zu Salaten, Eierspeisen, Kräuterpesto und Aufstrichen, zu Mixgetränken und als Tee.

WILDE MALVE
Malva sylvestris

Feldmalve, Gänsepappel, Johannispappel, Käsepappel, Kaskraut, Nüsserli, Rosspappel, Schwellkraut

FAMILIE: Malvengewächse, Malvaceae

MERKMALE: Wunderschöne, dekorative rosa-purpurfarbene Blüten, mit fünf herzförmigen Blütenblättern zieren die große zweijährige Wilde Malve. Die gestielten, meist fünflappigen Blätter sind dunkelgrün und am Blattrand gezähnt. In den Blattachseln der

aufrechten Pflanze und am Stängelende leuchten die Blüten. In deren Mitte tummeln sich Bienen auf der Suche nach Blütenstaub, den sie reichlich auf Staubblättern finden. Im Spätsommer können kleine runde Früchte, die »Käsepappel«, geerntet werden. Beim Zerquetschen der Blätter und auch der Blüten ist der Pflanzenschleim erkennbar.

BLÜTEZEIT: Mai bis Oktober.

MÖGLICHE VERWECHSLUNG: Mit anderen Malvengewächsen, wie Weg-Malve oder Eibisch. Diese sind auch essbar.

INHALTSSTOFFE: Ätherische Öle, Eiweiß, Flavonoide, Gerbstoffe, Kalium, Pflanzenschleim, Vitamine.

HEILWIRKUNG: Die Malve wirkt reizmildernd und schleimlösend, krampflösend,

husten- und entzündungslindernd. In der Volksmedizin wird vor allem der Malven-Tee bei Erkältungskrankheiten, Husten und Schleimhautentzündungen getrunken. Auch bei Hautproblemen kommt sie zum Einsatz. Wichtigster Wirkstoff sind die Schleimstoffe. Damit diese erhalten bleiben, wird der Tee kalt angesetzt und nur erwärmt.

STANDORT: An sonnigen Feld- und Wiesenrändern, nährstoffreichen Unkrautfluren, Schuttplätzen, in Siedlungsnähe und im Brachland.

VERWENDETE PFLANZENTEILE: Frische Blätter und Blüten als essbare Dekoration, für Salate, Gemüse, Suppen, Gemüsefondues, Blütenbutter, Kaltschalen, Tee. Früchte

für Kapern und als rohe Knabberei (»Katzenkäse«).

GESCHICHTEN: Die Farbe der Malvenblüten wurde bereits bei den alten Römern »malva« genannt. Bis heute wird ein blasses Violett als »malvenfarben« bezeichnet, abgeleitet von deren Farbe.
Wie wichtig die Malve schon unseren Vorfahren war, zeigt dieser Spruch: »*Malve im Gemüsegarten lässt den Doktor draußen warten*«.
Der Name Käsepappel führt auf das Aussehen der kleinen »käselaibförmigen« Früchte zurück und auf die Zubereitung daraus zu einem Brei (Papp).

WILDE MÖHRE
Daucus carota

Gelbe Rübe, Mohrrübe

FAMILIE: Doldenblütler, Apiaceae

MERKMALE: Die Wilde Möhre gehört zur Familie der Doldengewächse. Da zu dieser Familie der giftige Schierling gehört, sind die Erkennungsmerkmale besonders wichtig. Die typische Doldenblüte weist nur bei der Wilden Möhre in der Mitte der Blüte ein besonderes Merkmal auf, einen schwarzroten Punkt, der »Möhrenblüte« genannt wird. Damit lockt die weiße Blüte in erster Linie Insekten an. Kurz bevor die Blüte voll aufgeblüht ist, sieht der Blütenstand einem offenen Vogelnest ähnlich. Auf der Unterseite der Blüte sind lange Hüllblätter gut erkennbar. Sind die Blüten bestäubt, ziehen sie sich zur Samenreife wie ein geschlossenes »Vogelnest« mit stacheligen Früchten zusammen. Hier finden vielerlei Kleintiere Unterschlupf und tragen so zur Verbreitung der Samen bei. Die Blüten und den behaarten längsgerillten Stängel bekommt die zweijährige Pflanze erst im zweiten Jahr. Im Jahr davor bildet sie eine weißliche Pfahlwurzel und zwei- bis dreifach

gefiederte Blätter, die mit ihrem Aussehen und ihrem Duft an die Karotte erinnern. Die Wurzel dient der Möhre als Speicherorgan für das nächste Jahr.

BLÜTEZEIT: Juni bis September.

MÖGLICHE VERWECHSLUNG: Da zu den Doldengewächsen einige giftige Pflanzen gehören, wie zum Beispiel die Hundspetersilie und der Gefleckte Schierling, ist es sehr wichtig, auf alle Merkmale zu achten.

INHALTSSTOFFE: Ätherische Öle, Flavonoide, Mineralstoffe, Provitamin A, Vitamine.

HEILWIRKUNG: In der Volksmedizin wird sie bei Ernährungs- und Sehstörungen, für die Wundbehandlung und besonders zur Kräftigung der Widerstandskraft verwendet. Die Wilde Möhre gilt als stoffwechselanregend und entzündungshemmend.

STANDORT: Auf Wiesen, Weiden, an Wald- und Wegrändern, auf Ödland und Böschungen.

VERWENDETE PFLANZENTEILE: Junge Blätter in Salat, Gemüse, Aufläufen, Kräutersalz, Suppen. Die zarten Blüten und Blütenstände als essbare Dekoration und in Essig. Die Samen als Gewürz und die Wurzeln als Rohkost oder Gemüse. Diese schmecken im Spätherbst des ersten Jahres, also vor der Blüte, am zartesten. Damit sich die Pflanzen aussamen und somit vermehren können, sind die Wurzeln nur sparsam zu ernten.

GIFTIG

GIFTPFLANZEN

BITTERSÜSSER NACHTSCHATTEN

Solanum dulcamara | *Nachtschattengewächse, Solanaceae*

Die Blätter sind eiförmig spitz, häufige Blattform

BUSCHWINDRÖSCHEN

Anemone nemerosa | Hahnenfußgewächse, Ranunculaceae

Die Blätter sind gefingert und wachsen zeitig im Frühjahr mit dem Scharbockskraut.

GEFLECKTER SCHIERLING

Conium maculatum | Doldengewächse, Apiaceae

Mögliche Verwechslung mit anderen Doldengewächsen. Auffallende Merkmale sind der gefleckte Stängel und der unangenehme Geruch nach Mäusen. Er hat auch keine auffallenden Blattscheiden.

GELBER EISENHUT

Aconitum lycoctonum | *Hahnenfußgewächse, Ranunculaceae*

Die Blätter sind mehrfach gefingert. Geschützt.

GEMEINE WALDREBE

Clematis vitalba | *Hahnenfußgewächse, Ranunculaceae*

Kann in Gemeinschaft mit dem Hopfen wachsen.

GEWÖHNLICHE EIBE

Taxus baccata | *Eibengewächse, Taxaceae*

Mögliche Verwechslung mit anderen Nadelbäumen

HERBSTZEITLOSE

Colchicum autumnale | *Zeitlosengewächse, Colchicaceae*

Mögliche Verwechslung der Blätter mit dem Bärlauch, Blütezeit im Herbst, Standort merken.

PFAFFENHÜTCHEN

Enonymus europaeus | *Spindelbaumgewächse, Celastraceae*

Es verführt mit seinen orangen bis roten Samen.

GIFTIG

ROTER FINGERHUT

Digitalis purpurea | *Wegerichgewächse, Plantaginaceae*

Mögliche Verwechslung der Blätter mit dem Beinwell.

SCHWARZE TOLLKIRSCHE

Atropa belladonna | *Nachtschattengewächse, Solanceae*

Wertvolle Heilpflanze, sehr giftig, geschützt.

SCHWARZES BILSENKRAUT

Hyoscyamos niger | Nachtschattengewächse, Solanceae

Mögliche Verwechslung mit anderen länglich-eiförmigen gebuchteten Blättern, da die Blüte erst im zweiten Jahr kommt. Geschützt.

GIFTIG

SEIDELBAST

Daphne mezereum | *Seidelbastgewächse, Thymelaeaceae*

Die sehr früh erscheinenden gut duftenden Blüten verführen zum Berühren. Dies kann bereits zu Wunden auf der Haut führen. Geschützt.

VIERBLÄTTRIGE EINBEERE

Paris quadrifolia | *Germergewächse, Melanthiaceae*

Kann inmitten von Bärlauch wachsen.

Dank

Das Entstehen dieses Büchleins hat mir sehr viel Freude bereitet. Für das Gelingen waren liebe Menschen wichtig, die mir im richtigen Moment zur Seite standen und bei denen ich mich von Herzen bedanken mochte.
An erster Stelle stehen hier mein Mann und meine Kinder. Durch sie habe ich die nötige Unterstützung in Form des Zuhörens, der großen Geduld - wenn ich nur mit dem Buch beschäftigt war - der kritischen Beurteilung der Texte und vieler wertvoller Hinweise erfahren. Damit trugen sie am meisten dazu bei, dass ich meinen Eifer und meine Energie nicht verlor.
Meinen herzlichen Dank möchte ich an meine Schwester Marieluise Seidl und an meine Nichte Elfriede Mayer richten.
Auch sie halfen mir beim Korrekturlesen, gaben mir manch passende Anregung und waren für mich eine große Unterstützung.
Bei der Zeichnung der Blattformen konnte ich mich auf meine Freundin Marianne Landspersky verlassen. Sie setzte mit Freude und Geduld meine bildliche Vorstellung der Blattformen in gekonnter Weise um. Dafür gebührt ihr großer Dank und Anerkennung.
Herrn Dr. Jürgen Birmanns besonders herzlichen Dank, dass er die Zeit für die

Korrektur der Heilwirkungen gefunden hat.
Für die wunderschöne grafische Ausgestaltung des Buches an dieser Stelle recht vielen Dank an Frau Christel Beck. Die sehr gute Zusammenarbeit und manch kreative Idee haben mir viel Auftrieb gegeben.
Danken möchte ich auch Herrn Herbert Mayer von der Druckerei Kösel. Er hat mich überzeugt und ermutigt den kleinen Kräuterführer entstehen zu lassen.
Vielen Dank an Herrn Martin Gutjahr-Jung vom emu-Verlag, der es mir ermöglicht hat, den kleinen Kräuterführer einer breiteren Leserschaft zugänglich zu machen.
Zuletzt darf ich die wunderschöne Natur nicht vergessen, ohne sie hätten all die farbigen Fotos nicht entstehen können.

Literatur

Aichele, Dietmar: *Was blüht denn da?* Kosmos, Franckh'sche Verlagshandlung 1983

Albl, Gertraud, Aichinger Erwin: *Wildpflanzen im Trend natürlicher Ernährung*. Eigenverlag Aichinger 2004

Bänzinger, Erica: *Wildkräuter.* Fona 2008

Bäume und Sträucher einfach und sicher bestimmen. GU 2005

Bissegger, Meret: *Meine wilde Pflanzenküche.* AT 2011

Bühring, Ursel: *Praxis-Lehrbuch der modernen Heilpflanzenkunde.* Sonntag 2005

Bültjer, Ulrike: *Kräuter und Gewürze.* Bassermann 2003

Chevallier, Andrew: *Heilpflanzen.* DK 2008

Couplan, Francois: *Wildpflanzen für die Küche.* AT-Verlag 2003

Essen aus der Natur. Stiftung Warentest 2011

Fischer-Rizzi, Susanne: *Medizin der Erde.* AT-Verlag 2005

Fleischhauer, Steffen Guido, Spiegelberger, Roland, Guthmann, Jürgen: *Essbare Wildpflanzen.* AT 2009

Godet, Jean-Denis: *Bäume und Sträucher.* Natur Buch 1994

Grau-Jung-Münker: *Beeren, Wildgemüse, Heilkräuter.* Mosaik Verlag 1982

Haeupler, Henning, Muer, Thomas: *Bildatlas der Farn- und Blütenpflanzen Deutschlands.* Ulmer 2007

Hecker, Ulrich: *Bäume und Sträucher.* BLV 2003

Hirsch, Siegrid, Grünberger, Felix: *Die Kräuter in meinem Garten*, A&M 2008

Hollerbach, Elisabeth u. Karl: *Kraut & Unkraut.* Irisiana 1984

Kretschmar, Annette: *Wildblumenküche.* Thorbecke 2010

Künkele, Dr. Ute, Lohmeier, Till R.: *Heilpflanzen & Kräuter.* Parragon Books

Laudert, Doris: *Mythos Baum.* BLV 2004

Lüder, Rita: *Grundkurs Pflanzenbestimmung.* Quelle & Meyer 2005

Madejsky, Margret: *Lexikon der Frauenkräuter.* AT-Verlag 2008

Mayer, Johannes G., Saum, Kilian, Uehleke, Bernhard: *Die Kleine Klosterapotheke.* Zabert Sandmann 2005

Der neue Kosmos Pflanzenführer. Kosmos 1999

Pahlow, Apotheker M.: *Das große Buch der Heilpflanzen,* Weltbild 2006

Pohler, Alfred: *Heilpflanzen in den Alpen.* Otto Müller Verlag 1984

Rothmaler, Werner: *Exkursionsflora von Deutschland. Gefäßpflanzen.* Volk und Wissen 1966

Rothmaler, Werner: *Exkursionsflora. Atlas der Gefäßpflanzen.* Volk und Wissen 1987

Schauer, Caspari: *BLV Pflanzenführer.* BLV 2005

Seidel, Dankwart, Wilhelm Eisenreich: *Der BLV Foto-Pflanzenführer.* BLV 1997

Slipher, Beate: *Natur satt!* Kosmos 2006

Stary, Fr., Jirasek V.: *Heilpflanzen kennen, sammeln, anwenden.* Bertelsmann 1973

Storl, Wolf-Dieter: *Heilkräuter und Zauberpflanzen.* Knaur 2007

Stumpf, Ursula: *Pflanzengöttinnen und ihre Heilkräuter.* Kosmos 2010

Vogl, Margarete: *Wilde Köstlichkeiten.* emu Verlag 2010

Verein Freunde der Heilkräuter: *Heilkräuter – Geschenke Gottes für Deine Gesundheit*

Weidinger, Hermann-Josef: *Hollerbusch, Kranewitt und Haselnuß.* Freunde der Heilkräuter 1996

Wendelberger, Elfrune: *Heilpflanzen.* BLV 2011

Internet:

www.wikipedia.org (15. Januar 2012)

www.heilkraeuter.de (15. Januar 2012)

www.giftpflanzen.com (15. Januar 2012)

Verzeichnis der beschriebenen Pflanzen

Pflanzenname	Blattform	Blüten-farbe	Seite
Blutwurz	gefingert		36
Breitwegerich	eiförmig, rundlich, ganzrandig		38
Brennnessel	herzförmig, gezähnt		40
Brombeere	gefiedert		44
Dost	eiförmig, ganzrandig		46
Duftendes Veilchen	herzförmig		50
Eberesche	gefiedert, unpaarig, gesägt		52
Echte Kamille	mehrfach gefiedert		56
Echte Nelkenwurz	nierenförmig, dann unregelmäßig gefiedert		58
Echte Walnuss	gefiedert, glattrandig		62
Echter Baldrian	gefiedert, unpaarig		66

Echtes Labkraut	quirlständig, fein		70
Echtes Mädesüß	gefiedert, ungleichmäßig		72
Eibisch	gelappt, herzförmig, dreieckig		76
Eingriffeliger Weißdorn	gelappt		78
Einjähriges Berufskraut	lanzettlich, gezähnt		82
Engelwurz	gefiedert, gesägt		84
Felsenbirne	eiförmig, gesägt		88
Fetthenne	eiförmig, gesägt		90
Fichte	nadelförmig		92
Flockenblume	lanzettlich, schmal		94
Franzosenkraut	eiförmig, gezähnt		96
Frauenmantel	nierenförmig, gelappt		100

Pflanzenname	Blattform	Blütenfarbe	Seite
Fünffingerkraut	gefingert		104
Gänseblümchen	spatelig		106
Gänsefingerkraut	gefiedert, unregelmäßig		110
Gefleckte Taubnessel	herzförmig, gezähnt		112
Gemeine Nachtkerze	lanzettlich, eiförmig		114
Gewöhnlicher Hornklee	dreifiederig, glattrandig		118
Giersch	gefiedert, doppelt		120
Große Klette	herzförmig, oval		124
Großer Wiesenknopf	gefiedert, unpaarig, gezähnt		126
Gundermann	nierenförmig		128
Guter Heinrich	dreieckig, glattrandig		132

Pflanzenname	Blattform	Blüten-farbe	Seite
Knoblauchsrauke	nierenförmig, herzförmig spitz		168
Königskerze	lanzettlich, breit		170
Kornblume	lanzettlich, schmal		172
Kornelkirsche	eiförmig, spitz		174
Kriechender Günsel	spatelig		176
Linde	herzförmig		178
Löwenzahn	fiederspaltig, gezähnt		180
Lungenkraut	eiförmig, länglich, spitz		184
Margerite	spatelig, gezähnt		186
Mispel	eiförmig, länglich, spitz		188
Mittlerer Wegerich	eiförmig, ganzrandig, spitz		190

Persischer Ehrenpreis	herzförmig, gekerbt		192
Pfennigkraut	eiförmig, rundlich, ganzrandig		194
Quendel	eiförmig, glattrandig		196
Rotbuche	eiförmig, ganzrandig, spitz		198
Sauerampfer	lanzettlich bis pfeilförmig		202
Schafgarbe	mehrfach gefiedert, fein		204
Scharbockskraut	nierenförmig		208
Schlangen-Knöterich	eiförmig, länglich, spitz		210
Schlehe (Schlehdorn)	eiförmig, gezähnt		212
Schmalblättriges Weidenröschen	schmal lanzettlich		216
Schwarzer Holunder	gefiedert		218
Spitzahorn	gelappt, gezähnt		222

Pflanzenname	Blattform	Blüten-farbe	Seite
Spitzwegerich	lanzettlich, schmal		224
Stieleiche	gebuchtet, ganzrandig		228
Taglilie	linealisch		232
Tanne	nadelförmig	*	234
Traubenkirsche	eiförmig, elliptisch, gezähnt		238
Tüpfel-Johanniskraut	eiförmig, länglich, glattrandig		240
Vogel-Kirsche	eiförmig, gezähnt		244
Vogelmiere	eiförmig, spitz		246
Wald-Erdbeere	dreifiedrig, gesägt		250
Waldmeister	quirlständig		252
Wald-Sauerklee	dreifiedrig, glattrandig		254

* weibliche Blüten: hellgrün, männliche Blüten: rötlich

Register

MARGARETE VOGL

Autorin und Fotografin dieses Buches, geboren und aufgewachsen im schönen Passauer Land an den Flüssen Donau, Inn, Ilz und Gaißa, ist am liebsten in der freien Natur unterwegs.

Bereits seit 1984 betreibt sie die Imkerei. Dieses Hobby hat ihre Einstellung für den Erhalt und die Wertschätzung der Natur geprägt. Seit 1996 hält sie Vorträge und Kurse über vitalstoffreiche Vollwertkost nach Dr. med. M. O. Bruker.
Seit 1998 ist sie ärztlich geprüfte Gesundheitsberaterin GGB. 2005 beendete sie die Ausbildung zur Natur- und Landschaftsführerin und 2006 zur staatlich zertifizierten Kräuterpädagogin an der Gundermannschule von Dr. Brigitte Klemme und Dr. Dirk Holterman.
Dieses Wissen und ihre Begeisterung über den Wert der Pflanzen und der vitalstoffreichen Ernährung gibt sie in Kräuterwanderungen, Vorträgen und Kochkursen weiter.

Näheres unter www.herbologe.de

Margarete Vogl:
Wilde Köstlichkeiten
188 S., Halbleinenband
ISBN 978-3-89189-186-5

75 leckere fantasievolle Rezeptideen – vegetarisch vollwertig! Lassen Sie sich durch eindrucksvolle Bilder und Speisen, Pflanzen und Naturaufnahmen anregen und inspirieren.

Margarete Vogl:
Wildkräuter in der Vollwertküche
140 köstliche Rezepte mit heimischen Wildpflanzen und Wildkräutern
234 S., geb., ISBN 978-3-89189-209-1

Eine Einführung in die faszinierende Welt der Wildpflanzen und ihrer Verwendung in der Küche. Alle Rezepte sind vegetarisch und vollwertig.

Ein Verlag, ein Haus, eine Philosophie.

Millionen Bundesbürger kennen den kämpferischen Ganzheitsarzt Dr. Max Otto Bruker (1909–2001) aus dem Fernsehen, aus Vorträgen, durch den „Mundfunk" überzeugter Patienten. Vor allem lesen sie aber die rund 30 Bücher des schwäbischen Humanisten und Seelenarztes. Mit einer Gesamtauflage von mehreren Millionen Exemplaren ist Max Otto Bruker der wohl bedeutendste medizinische Erfolgsautor im deutschsprachigen Raum. Der – in der Nachfolge des Schweizer Reformarztes Bircher-Benner scherzhaft „Deutschlands Vollwertpapst" genannte – Massenaufklärer, langjährige Klinikchef und Ernährungsspezialist lehrt zwei fundamentale Erkenntnisse Patienten wie Gesunden: Der Mensch wird krank, weil er sich falsch ernährt. Der Mensch wird krank, weil er falsch lebt.

Hinter den Erfolgstiteln des emu-Verlages steht ein bedeutender Forscher und Arzt, eine Bewegung, ein Haus und tausende Schülerinnen und Schüler. 1994 wurde das „Dr.-Max-Otto-Bruker-Haus", das Zentrum für Gesundheit und ganzheitliche Lebensweise, auf der Lahnhöhe in Lahnstein bei Koblenz bezogen. Es stellt die äußere Krönung des Brukerschen Lebenswerkes dar: Der lichte Bau mit seinem Grasdach, den Sonnenkollektoren, seinen Seminarräumen, dem Foyer mit der Glaskuppel, 17 biologischen Gäste-Appartements, dem wunderschönen Brukergarten mit Kneippanlage, Raum der Stille, Naturwald mit Barfußpfad und dem Lehrpfad sind als Treffpunkt für all jene konzipiert, denen körperliche und seelische Gesundheit, ökologische und spirituelle Harmonie Herzensbedürfnis und Sehnsucht sind.

Hinter dem eleganten Halbmondkorpus mit dem markanten Grasdach verbirgt sich eine Begegnungsstätte für Gesundheitsbewusste, Seminarteilnehmer, Trost-, Ruhe- und Anregungsbedürftige.

Feste Termine:

Jeden Dienstag, 18.30 Uhr: Vortrag Dr. phil. Mathias Jung (Lebenshilfe und Philosophie)
Jeden Mittwoch, 10.30 Uhr: Fragestunde mit Dr. med. Jürgen Birmanns (Ärztlicher Rat aus ganzheitlicher Sicht)

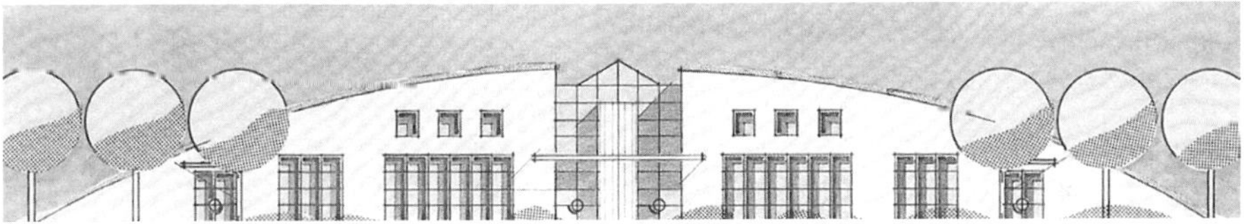

Das Dr.-Max-Otto-Bruker-Haus

Ausbildung Gesundheitsberater/in GGB
Lebensberatung/Frauen-, Männer- und Paargruppen

Die vitalstoffreiche Vollwertkost hat ihre Verbreitung, auch im klinischen Bereich, durch die unermüdliche Information und praktische Durchführung von Dr. M. O. Bruker gefunden. Um die Erkenntnisse gesunder Lebensführung und die durch falsche Ernährung provozierte Krankheitslawine ins öffentliche Bewusstsein zu rücken, bildet die von ihm 1978 gegründete „Gesellschaft für Gesundheitsberatung GGB e.V." ärztlich geprüfte Gesundheitsberater/-innen GGB aus. Über 5700 Frauen und Männer haben bislang die berufsbegleitende Ausbildung bestanden und wirken in Volkshochschulen, Bioläden, Lehrküchen, Krankenhäusern, ärztlichen Praxen, Krankenversicherungen und ähnlichen Bereichen.

Das Basiswissen Ernährung und Gesundheit wird im Grundlagenseminar vermittelt. Es kann von jedem Interessierten besucht werden. Auf der Lahnhöhe erhalten Sie durch das GGB-Expertenteam nicht nur eine sorgfältige Grundlagenausbildung über die vitalstoffreiche Vollwerternährung und den Krankmacher der „entnatürlichten" (denaturierten) Zivilisationsernährung (raffinierter Fabrikzucker, Auszugsmehle, fabrikatorische Öle und Fette, tierisches Eiweiß usw.), sondern gewinnen auch Einblick in die leibseelischen Zusammenhänge der Krankheiten.

Praxisseminare/Kochkurse

Das Dr.-Max-Otto-Bruker-Haus verfügt über eine Lehrküche sowie einen großen Kräutergarten. Es werden zahlreiche vegetarische Koch- und Backkurse für eine moderne vitalstoffreiche Vollwertkost angeboten. Der Schwerpunkt liegt auf einer „alltagstauglichen", aber dennoch fantasievollen, gesunden Ernährung ohne Tiereiweiß.

Das Programm umfasst Einführungskurse in die vitalstoffreiche Vollwertkost, Brotbackkurse, Männerkochkurse, Weihnachtsbäckerei und seit 2011 auch Wildkräuterseminare (incl. Zubereitung von Wildkräutergerichten).

Anfragen zur Gesundheitsberater-Ausbildung und Praxis-Seminaren in der Lehrküche in Lahnstein, wie zu den Selbsterfahrungsgruppen, Lebensberatung, Paartherapie und Psychotherapie bei Dr. Mathias Jung und Psychologischer Psychotherapeut Hassan El Khomri, zu weiteren Tages- und Wochenendseminaren sowie Einzelberatung sind zu richten an die

Gesellschaft für Gesundheitsberatung GGB e.V.,
Dr.-Max-Otto-Bruker-Str. 3
56112 Lahnstein
Tel.: 02621/917017, 917018, Fax: 02621/917033
E-Mail: seminare@ggb-lahnstein.de
Internet: www.ggb-lahnstein.de

Fordern Sie ebenfalls ein kostenloses Probe-Exemplar der Zeitschrift „Der Gesundheitsberater" an.

Dr. med. M. O. Bruker:
Unsere Nahrung – unser Schicksal
Jubiläumsausgabe
464 S., gebunden
ISBN 978-3-89189-223-7

Ilse Gutjahr:
Das große Dr. M. O. Bruker-Ernährungsbuch
Theorie und Praxis der vitalstoffreichen Vollwertkost, über 100 Rezepte
253 S., gebunden
ISBN 978-3-89189-065-3

Ist Parboiled Reis vollwertig? Darf ein Patient, der an Zöliakie erkrankt ist, Vollwertkost essen? Was heißt Mehltype? Wie viel Vitamin B1 braucht der Mensch? Wie gesund sind Sojaprodukte?
Dieses Buch enthält die wichtigsten Fragen und Antworten rund um das Thema Vollwertkost.
Umfassende Gesundheitstipps und über 100 Rezepte mit bestechend schönen Farbfotos.
Mit ärztlichem Rat aus ganzheitlicher Sicht von Dr. M. O. Bruker.

Ilse Gutjahr und Erika Richter: Streicheleinheiten

Von der Kunst, schmackhafte Brotaufstriche zu zaubern

134 S., gebunden

ISBN 978-3-89189-063-9

Schluss mit dem langweiligen Einerlei von Käse, Wurst & Marmelade! Selbst gemachte leckere Aufstriche sind wahre Streicheleinheiten fürs Gemüt – und Sie können sicher sein, was drin ist! Ilse Gutjahr und Erika Richter präsentieren aus der Lehrküche des Dr.-Max-Otto-Bruker-Hauses leckeres Brot und Brötchen, Kniffs, Tricks und Tipps aus der Expertenküche ... ein Geschenk für verwöhnte Gaumen.

Ilse Gutjahr und Erika Richter:
Mehr Streicheleinheiten
Von Austernpilzbutter bis Zwiebelschmalz – Fantastische Brotaufstriche für jede Gelegenheit
144 S., gebunden
ISBN 978-3-89189-170-4

Das erste Buch »Streicheleinheiten« ist längst ein kleiner Klassiker unter den besonderen Kochbüchern.
Nun haben die beiden erfahrenen Gesundheitsberaterinnen der GGB nachgelegt. Neue Aufstriche, fantasievoll, pikant oder süß, ergänzt durch vielfältige Küchen- und Gesundheitstipps. Lassen Sie sich verführen von der Kunst, leckere Brotaufstriche zu zaubern!

Ilse Gutjahr:
... Einfach raffiniert
90 Rezepte ohne tierisches Eiweiß
111 S., Broschur mit Klappen
ISBN 978-3-89189-099-8

Sie haben zu wenig Zeit? Vollwertig essen ist Ihnen zu kompliziert – und obendrein auch noch zu teuer? Und ist das überhaupt so gesund?
Sie können aufatmen: Dieses Rezept- und Ernährungsbuch bietet Genuss auf der ganzen Linie. Leckere, einfache Vollwertrezepte ohne tierisches Eiweiß, die auch dem verwöhnten Gaumen gefallen. Hauptgerichte, Salate, Pizza u. v. m.